U0229446

移动游戏UI设计 专业教程

葛林（大饼卷大葱）编著

人民邮电出版社

北 京

图书在版编目（CIP）数据

移动游戏UI设计专业教程 / 葛林编著. -- 北京：
人民邮电出版社，2017.8
ISBN 978-7-115-45706-6

Ⅰ．①移… Ⅱ．①葛… Ⅲ．①游戏程序—程序设计
Ⅳ．①TP317.6

中国版本图书馆CIP数据核字(2017)第111470号

内 容 提 要

本书以 Photoshop 软件为基础，全面介绍了游戏 UI 设计中的理论知识及具体案例的制作方法。本书语言浅显易懂，配合丰富、精美的游戏 UI 设计案例，讲解游戏 UI 设计的相关知识和使用 Photoshop 软件进行游戏 UI 设计制作的方法和技巧，使读者在掌握设计知识的同时，能够在游戏 UI 设计制作的基础上做到活学活用。

本书配套学习资源，提供了书中所有案例的素材文件及效果源文件，同时附赠 99 例绘图笔刷，方便读者借鉴和使用。

本书适合有一定 Photoshop 基础的设计初学者及设计爱好者学习使用，也可以为相关行业的设计师及相关专业的学生提供参考。

◆ 编　著　葛　林（大饼卷大葱）
　　责任编辑　张丹阳
　　责任印制　陈　犇

◆ 人民邮电出版社出版发行　　北京市丰台区成寿寺路 11 号
　　邮编　100164　电子邮件　315@ptpress.com.cn
　　网址　http://www.ptpress.com.cn
　　北京市雅迪彩色印刷有限公司印刷

◆ 开本：787×1092　1/16
　　印张：13.75
　　字数：389 千字　　　　　　　2017 年 8 月第 1 版
　　印数：1－3 000 册　　　　　2017 年 8 月北京第 1 次印刷

定价：79.00 元
读者服务热线：(010)81055410　印装质量热线：(010)81055316
反盗版热线：(010)81055315
广告经营许可证：京东工商广登字 20170147 号

前言

目前市面上的手机游戏层出不穷，人们在享受游戏带来的乐趣时，也欣赏着游戏中各式各样的视觉效果。这给热爱游戏的设计师们提供了一个新的创作的平台，他们可以绘制自己喜爱的游戏界面，而创作游戏的乐趣和美观性主要取决于游戏UI设计师对游戏本身的理解。想成为一个有"想法"的游戏UI设计师，就需要不断地学习和了解各类游戏的特点与表现手法。对于想步入这个行业的初学者而言，如果不知道从何下手，那么本书正是以初学者的角度去讲述和解析作为一个入门的游戏UI设计师需要了解的知识。通过设计师常用的软件——Photoshop，来讲述游戏UI的各类案例都有哪些特点，应该怎样去分析游戏的制作思路。从游戏UI设计的理念出发，配以专业的步骤分析，让初学者在学习中不断提高自身的设计水平。

本书主要针对刚刚步入游戏UI领域的读者。通过学习本书，读者能更好地了解游戏UI的设计思路与设计理念，将理论知识与实际案例相结合，看清楚每一个步骤，了解每一个属性的调整状态。通过不断的练习，巩固对游戏设计知识点的掌握。本书内容安排如下。

第1章介绍关于游戏UI设计的基础知识，包括游戏UI的常用界面、游戏UI的设计公式、游戏UI的设计思路与方法，以及游戏界面设计的几种形式，使读者对游戏UI设计有更加深入的认识和理解。

第2章介绍游戏UI设计基本法则，主要介绍游戏界面的基本特性，让读者了解游戏的交互性和设计的把控度，并对界面的布局与色彩掌控进行详细的讲解。

第3章绘制游戏中常出现的界面效果，包括图标、按钮、操作界面、设置界面等不同类型的设计要素，每个案例都有详细的步骤演示，读者通过本章的学习能理解游戏的整体设计流程和需要注意的设计问题。

第4章讲解并制作两款当下较流行的游戏案例，其中包括竞技类型手游的信息对战界面和游戏操作界面，卡牌类型手游的装备界面与人物属性界面。对两种界面的设计角度和制作手法进行讲解。

第5章对项目的整体流程和常规设计规范进行讲解和说明，让读者能更好地理解UI设计师在项目制作中的位置和价值，更加明确游戏UI设计师的责任。

本书适合有一定Photoshop软件操作基础的设计初学者及设计爱好者阅读，也可以供一些设计制作人员及相关专业的学习者参考使用。本书配套的资源中提供了书中所有案例的源文件及素材，方便读者借鉴和使用。读者扫描"资源下载"二维码，即可获得下载方法。

资源下载

大饼卷大葱

2017年5月

目录

01

带你进入游戏的世界 /7

02

游戏世界的基本法则 /25

03

移动游戏基础界面的绘制方法 /41

04

移动游戏主界面的绘制方法 /145

05

游戏设计规范和项目的整体流程 /197

01

带你进入游戏的世界

本章将带领大家一起畅游游戏设计的世界，相信大家或多或少玩耍过一些游戏，那么这些游戏背后又有什么秘密呢？别急，在接下来的内容中将陆续为大家揭开神秘的面纱！

1.1 游戏界面设计的基础知识

1.1.1 什么是游戏界面设计

　　游戏界面设计是根据游戏特性，把必要的信息展现在游戏主界面、操控界面和弹出界面上，通过合理的设计，引导用户进行简单的人机交互操作，如图1-1~图1-3所示。

图1-1

图1-2

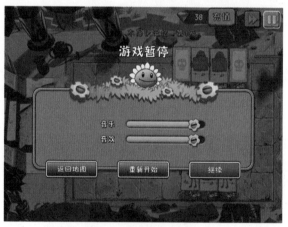

图1-3

　　想要设计好游戏界面，不仅要有良好的审美观，更要有对人机交互的认知度。

　　一个好的游戏界面不仅在视觉上要有独特的美感，更要把游戏的层次感设计出来。交互的合理性、用户的体验感、元素的合理应用等都要把握得恰如其分，让游戏给用户足够的代入感。图1-4~图1-6所示分别是页游界面、网游界面和手游界面。

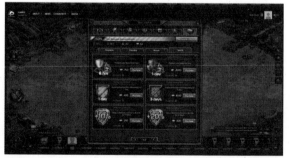

图1-4

图1-5

图1-6

1.1.2 游戏界面的设计原则

游戏交互设计尽量不要烦琐，用最简单的方式去引导用户进行操作即可。

原则1：游戏中所有视觉元素都要为游戏本身服务。用户体验大多来源于游戏本身，游戏UI设计可为游戏带来视觉冲击，能让用户更直观地体验游戏，如图1-7和图1-8所示。

图1-7

图1-8

原则2：把控好游戏的界面风格，注意色彩对界面的影响。如果界面的颜色反差太大，会让用户有脱离游戏的感觉。当然有的游戏也会根据自己的特殊设定，大胆运用一些反差较大的色彩来增加游戏的视觉冲击力。色彩只是游戏设计中的一小部分，运用得好可以锦上添花，运用得不好会给用户带来不良的视觉体验，如图1-9~图1-12所示。

图1-9

图1-10

图1-11 图1-12

原则3：引导界面的设计应言简意赅。 每款游戏都有自己独特的操作特性，想让用户在最短的时间内了解游戏的操作，需要设计一些引导界面来帮助用户。引导界面的表现很直观，只需要用简单的指示图片和说明文字，言简意赅地说明游戏的独特性和操作习惯就好，不需要太多花哨的元素去修饰。让用户轻松理解到游戏的特性，引导界面的作用就已经达到了，如图1-13和图1-14所示。

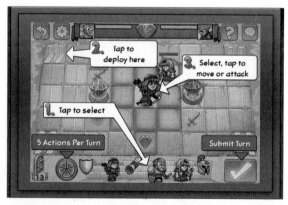

图1-13 图1-14

原则4：游戏设计师要懂得很多客观知识，如排版布局、色彩搭配和人机交互等。 对一个界面的设计把控要趋向于产品本身和产品针对的用户。在了解产品的同时要对产品自身的各类因素进行设计，来达到人机交互自然流畅。让用户感觉得心应手，也是设计好一款游戏的初衷，如图1-15~图1-18所示。

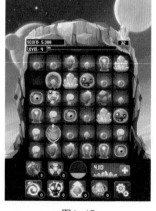

图1-15 图1-16 图1-17 图1-18

1.2 游戏界面的种类

1.2.1 启动界面

第一印象很关键。游戏给用户的第一印象就是启动界面。游戏的启动界面相当于游戏的门面。游戏美术设计够不够精致，游戏元素排版够不够合理，在游戏启动界面上一目了然。游戏启动界面设计的关键之处在于游戏的人物角色、游戏的类型、游戏的场景，以及游戏的功能键设计是否合理，这些都是决定一款游戏是否能够让用户产生良好的第一印象，并能否抓住用户的重要因素。图1-19~图1-22所示的是几款游戏的启动界面，大家可以参考。

图1-19

图1-20

图1-21

图1-22

1.2.2 游戏菜单界面

　　设计主界面菜单，主要是为了突出界面中各个元素的分布关系，让用户更直观地去接收游戏的各种信息，以方便用户了解游戏。不同类型的游戏，操作方法和风格都不相同，可根据游戏的风格定义和用户定义进行设计，例如，游戏的设置、操作的选择、返回与帮助的合理安排等。在设计界面时，要多注重美术的细节，如按钮的质感体现、整体布局的主次排序、视觉上的冲击等。这些设计原理可以多借鉴一些平面排版的知识，这些知识有助于设计师更好地了解设计的布局分配，如图1-23~图1-25所示。

| 图1-23 | 图1-24 | 图1-25 |

　　主菜单界面是显示一个游戏的最主要界面，游戏的第一步操作就从此开始。根据主菜单的特性，下面为大家分析主菜单中的元素说明。"游戏开始按钮"一般都会设计得比较醒目，所处位置大多为屏幕的正中央偏下的部分，因为上面要放游戏的Logo和版本等信息。这个位置是人类视觉集中区域的边缘地带，所以很多游戏都会把开始按钮放在这里。"设置"按钮，一般都是控制游戏的音量、音效、帮助提示等附属信息的按钮，由于不经常触及，可以将其与提醒、帮助等按钮归纳在二级按钮里面。图1-26中对主菜单界面的区域划分做了清晰的标注和说明。

图1-26

1.2.3 游戏操作界面

大多数游戏都会借用一个故事作为运行载体，在这个载体上去描述、绘制游戏，让游戏具有合理性和情节性。基于这一点，很多游戏都会根据故事的发展去框定游戏的种类，例如，三消类游戏、RPG角色扮演类游戏、竞技赛车类游戏等。

上面提到的这些都是常规类型的游戏设计，当然，也可跳跃性地将竞技类游戏与其他类游戏结合，需要注意的问题是在游戏的操作上设计得是否得当。使用鼠键类的游戏比较烦琐，可根据个人喜好设置快捷键等；手机类游戏要注意合理的交互设计，如左右手操作的习惯问题、操作空间喜好的热区等，都是界定游戏操作的标准，如图1-27所示。

图1-27

1.2.4 设置界面

用户可以根据自己的喜好设置游戏，例如，调节显示器的分辨率，调整游戏自带的各种效果，因为自身硬件条件的不同，有些游戏的效果显示会对设备的配置有硬性要求。所以游戏中会按高、中、低的配置类型进行划分，这样的设定是确保不同用户都能正常地运行游戏，且不会带来不愉快的游戏体验。也可在这里调节音频、音量，或者设置是否开启或关闭单项选择，如图1-28~图1-31所示。

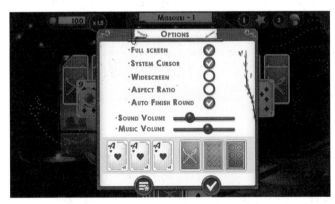

图1-28

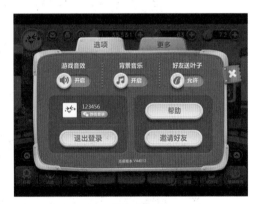

图1-29

图1-30

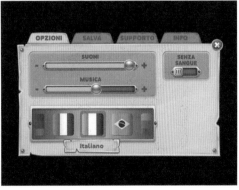

图1-31

1.3 游戏的布局设计

1.3.1 Miller公式

Miller是一种关于概率测试的算法，大多被运用到软件设计中。从心理学角度分析，人们一次性接受的信息量在7比特左右。也就是说，一个人一次所接受的信息量为7+2/7-2比特。一般网页上面的选栏最佳数量在5~9个，如果超过这个范围，人们在心理上就会烦躁、压抑，感觉信息量比较密集，看不过来。所以，信息展示的最佳选择就是在9个以内，如图1-32和图1-33所示。

图1-32

图1-33

1.3.2 合理的游戏布局

在Miller公式中提到信息分类不要超过9个，图1-34所示的这种情况大多适用于固有信息排列。可是，如今很多都是数据类游戏，都是不可控的信息展示，在这样的情况下，我们就要学会分析与排版，划分信息的重要性和合理性，在有限的范围内设计更有逻辑性的界面。下面就针对常见的两种排版进行分析说明。故事延展类排版，可以通过一个故事主线来贯通游戏关卡的排列，好处在于，可以无限制地设定关卡，也可以根据关卡内容去设定分支关卡，给玩家

带来不可预知性和征服感，如图1-35所示。属性分类排版，很多游戏都会划分属性值来增加游戏的技术性与不可控性，这样的设计手法可以大大提高玩家对界面的整体掌握度，使玩家更快捷地操作游戏，也可节省很多不必要的设计资源。要强调的是，在延续排版的时候，可以设计潜在引导，目的是告诉用户此列表有后续内容可查看，如图1-36所示。

图1-34

图1-35

图1-36

1.4 游戏设计的思路与方法

目前的游戏市场，手机游戏占主导地位，其次是PC端网络游戏、页游等。想了解各个平台的游戏特性就要先了解这些载体的特性。

1.4.1 手游的应用平台

界面设计师必须要了解界面能够支持的平台有哪些，如手机游戏，需要支持的系统是Android还是iOS。每个系统的手机尺寸也是各不相同，这些都要去了解，如图1-37所示。

iOS设备	屏幕尺寸	分辨率
iPhone 3GS	3.5英寸	320×480
iPhone 4/4S	3.5英寸	640×960
iPhone 5/5s/5c	4.0英寸	640×1136
iPhone 6	4.7英寸	750×1340
iPhone 6 Plus	5.5英寸	1080×1920

Android设备	屏幕尺寸	分辨率
低阶机	4英寸	480×800
中阶机	4.3英寸	540×960
中高阶机	4.5英寸	720×1280
旗舰机	5英寸	1080×1920

图1-37

1.4.2 梳理游戏方向

数据对于一个游戏设计师来说，是非常重要的。了解数据可以帮助设计师分析市场的刚需和空间，也会帮助设计师对要制作的游戏有一个稳妥的预算。现在的游戏市场，各种类型的游戏都有，如图1-38~图1-41所示。想研发出一款比较成功的游戏，不是单纯地依靠运气，还要懂得运筹帷幄。分析游戏的前景与市场份额，做好充足的准备才会更有利地定位自身的产品与空间。需要做的准备有很多。首先，在定制自己产品的同时也要多收集、多关注同类型产品，分析产品的优势与劣势，从中吸取经验，再衡量自身产品缺陷，重新定位产品。其次，在分析好同类型产品的同时，寻找市场的硬性需求，把自身的产品特性与市场的需求融为一体，胜算也会提升不少。最后，就是对自身产品设计高要求，在交互上与视觉上都要有一定的水准。对于产品而言，抓住用户的喜好和习惯，就胜券在握了。

图1-38

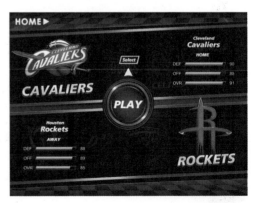

图1-39

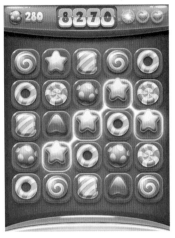

图1-40

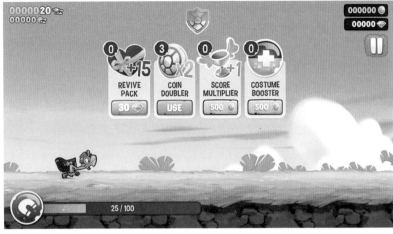

图1-41

1.4.3 创建产品流程图

　　每一款游戏都有独特的操作流程体系和主次界面的衔接关系，需要设计师很清晰地描述出来。以便根据轻重缓急来设计界面内容。界面中的操作按钮会导入哪个界面，这些都要根据原型图加以修饰，已达到完美效果。

　　设计师在设计游戏时，首先要把自己看成一个玩家，用玩家的角度去理解和处理游戏中的问题，这样可以更好地解决问题。与产品经理的沟通是非常有必要的，不仅可以对产品的定位有更深一层的了解，同时，设计师对设计的把控更加得心应手。图1-42所示是一个简单的操作流程图。

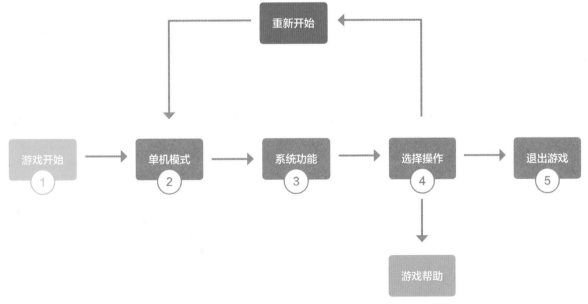

图1-42

1.4.4 绘制游戏场景图

　　游戏的场景绘制是由游戏项目组的原画设计师负责的，原画设计师都有很强的绘画功底，他们可以根据游戏展示的场景与风格去绘制游戏的场景图。而UI设计师要根据原画设计师绘制出来的效果图，配置与游戏风格相匹配的UI控件。UI设计师的设计风格要与原画设计师绘制出来的游戏场景保持一致，要加强UI控件与游戏场景的协调感，如图1-43和图1-44所示。

图1-43

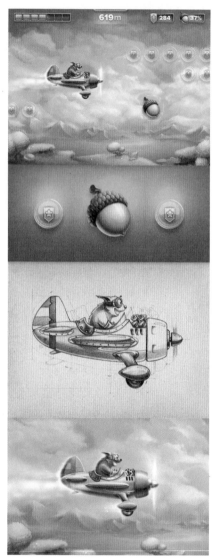

图1-44

1.4.5 测试游戏运行

　　当界面的工作基本完成后，UI设计师就要配合程序员把相应的需求提供给他们。只有当游戏真正地运行起来，设计师才能看到游戏的不足之处。这时候就需要进行不断的迭代修改，争取达到最完美的效果。这个阶段是枯燥的试金期，每一次迭代都会带来或多或少的瑕疵。作为一个优秀的设计师，要把这些小的瑕疵消灭掉，把无可挑剔的作品呈现给玩家。另外，可以对游戏进行策划更新，例如节假日的活动更新和游戏推送活动更新等。

当然，优化版本和促销活动都需要一定量的宣传banner，banner的宣传效果直接影响游戏的推广。做好适当的运营工作也是对游戏检测的方法之一，如图1-45~图1-48所示。

图1-45

图1-46

图1-47

图1-48

1.5 了解各大游戏载体

1.5.1 手机游戏界面的标准尺寸

目前的手机市场，智能手机已经占主导地位。随之而来的就是对手机硬件的要求越来越高，高性能的手机会给玩家带来畅快的用户体验。手机的系统规范与硬件的发展成了设计师必须要考虑的问题，如何根据手机的系统、性能、用户体验去设计应用成了设计师的必修课。下面我们根据市场上的两大系统来讲解界面的标准规范。

主导手机市场的无外乎两大系统：iOS与Android。这两种系统的操作与体验截然不同。Android系统的手机主打的是开放式开发，自然在硬件的性能上有些参差不齐，而iOS的变革比较有条理性。在图1-49和图1-50中为大家详细地列举了这两种系统的尺寸规范。

iPhone界面尺寸规范

设备	分辨率	PPI	状态栏高度	导航栏高度	标签栏高度
iPhone 6 Plus 设计版	1242×2208 px	401PPI	60 px	132 px	146 px
iPhone 6 Plus 设计版	1125×2001 px	401PPI	54 px	132 px	146 px
iPhone 6 Plus 物理版	1080×1920 px	401PPI	54 px	132 px	146 px
iPhone 6	750×1134 px	326PPI	40 px	88 px	98 px
iPhone 5-5c-5s	640×1136 px	326PPI	40 px	88 px	98 px
iPhone 4-4s	640×960 px	326PPI	40 px	88 px	98 px
iPhone & iPod touch 第一、二、三代	320×480 px	163PPI	20 px	44 px	49 px

iPhone图标尺寸规范

设备	App Store	程序应用	主屏幕	Spotlight搜索	标签栏	工具栏、导航栏
iPhone 6 Plus (@3×)	1024×1024 px	180×180 px	114×114 px	87×87 px	75×75 px	66×66 px
iPhone 6 (@2×)	1024×1024 px	120×120 px	114×114 px	58×58 px	75×75 px	44×44 px
iPhone 5-5c-5s (@2×)	1024×1024 px	120×120 px	114×114 px	58×58 px	75×75 px	44×44 px
iPhone 4-4s (@2×)	1024×1024 px	120×120 px	114×114 px	58×58 px	75×75 px	44×44 px
iPhone & iPod touch 第一、二、三代	1024×1024 px	120×120 px	57×57 px	29×29 px	38×38 px	30×30 px

图1-49

Android SDK模拟机各类尺寸

屏幕大小	低密度（120）	中密度（160）	高密度（240）	超高密度（320）
小屏幕	QVGA(240×320)		480×640	
普通屏幕	WVGA432*(240×432) WVGA432*(240×432)	HVGA(320×480)	WVGA800*(480×800) WVGA854*(480×854) 600×1024	640×960
大屏幕	WVGA800*(480×800) WVGA854*(480×854)	WVGA800*(480×800) WVGA854*(480×854) 600×1024		
超大屏幕	1024×600	1024×768 1280×768WXGA(1280×800)	1536×1152 1920×1152 1920×1200	2048×1536 2560×1600

图1-50

1.5.2 平板游戏界面的标准尺寸

作为新时代的宠儿，平板电脑已经走进了人们的生活，成为不可替代的娱乐载体，从最初的7英寸到如今的11英寸，甚至更大尺寸。大屏幕所带来的视觉体验渐渐被用户所认可。当然，随之而来的就是对应平板电脑的软件。想设计平板游戏，就要多了解一些平板的基本知识，如尺寸、分辨率等。只有了解了尺寸所带来的问题，才会更好地设计出好的体验游戏，如图1-51所示。

iPad尺寸规范

设备	尺寸	分辨率	状态栏高度	导航栏高度	标签栏高度
iPad 3-4-5-6-Air-Air2-mini2	2048×1536 px	264PPI	40 px	88 px	98 px
iPad 1-2	1024×768 px	132PPI	20 px	44 px	49 px
iPad mini	1024×768 px	163PPI	20 px	44 px	49 px

iPad图标规范

设备	App Store	程序应用	主屏幕	Spotlight搜索	标签栏	工具栏、导航栏
iPad 3-4-5-6-Air-Air2-mini2	1024×1024 px	180×180 px	140×140 px	100×100 px	50×50 px	44×44 px
iPad 1-2	1024×1024 px	90×90 px	72×72 px	50×50 px	25×25 px	22×22 px
iPad Mini	1024×1024 px	90×90 px	72×72 px	50×50 px	25×25 px	22×22 px

图1-51

1.5.3 网页游戏界面的标准尺寸

网游、端游和页游都是通过PC载体来运作的，尺寸大小与电脑显示器的配置相关。一般都是在1024×768px的情况下运行，也会根据显示器的不同去自适应游戏的尺寸。当然也有很多其他尺寸，这里就不做过多讲解。图1-52~图1-54所示是一些常见的网页游戏。

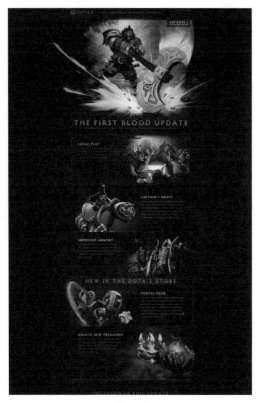

图1-52   图1-53   图1-54

1.6 绘制游戏界面的设备

1.6.1 对于软件的掌握

常用的绘制软件有以下4种：Photoshop、Illustrator、3ds Max和Maya。可以根据游戏的风格制定不同的绘画风格，例如，大多数界面的绘制是采用Photoshop软件。扁平风格可能会采用Illustrator来绘制。立体效果的可采用3ds Max或者Maya进行绘制，如图1-55所示。这些都是要根据游戏特性来定制。

图1-55

Photoshop对于做游戏UI的设计师应该不会陌生，游戏内大部分效果图都要用它去完成。需要强调的是游戏的风格展示关乎软件的运用，不同的绘制手法展现出来的效果差异很大，如图1-56~图1-58所示。对于初学者来说，掌握好软件的基础知识才是迈向大神的第一步，对于快捷键的掌握尤为重要，它能大大地提升作图速度，也能更有效地提高绘制思路的实现效率。

图1-56   图1-57   图1-58

Illustrator主要运用于扁平化和矢量图形的绘制，不是很常用。对于游戏而言，矢量图形在适配尺寸的时候会经常用到。因为矢量图形不同于位图，是可编辑文档，不受缩放效果的影响。所以，用Illustrator绘制图标和控件还是比较方便的，当然在Photoshop里采用贝塞尔曲线和形状工具也可以得到矢量图形的效果。图1-59~图1-61就是用Illustrator软件绘制的游戏界面。

图1-59   图1-60   图1-61

3ds Max和Maya是让游戏立体空间化,更有带入感,让玩家身临其境。不过,运行3D类型游戏对硬件有一定的要求。对于UI设计来说,3D类游戏不会太影响UI界面设计。只是对游戏的视觉感官有不一样的体验,在交互和设计上还是大同小异的,如图1-62~图1-64所示。

图1-62

图1-63

图1-64

1.6.2 对于硬件的需求

作为游戏UI设计师,拥有属于自己的苹果电脑,能够提高工作的质量和效率,这主要是依托苹果电脑的图形处理器,可以更加准确地运用色彩绘制想要的效果。苹果电脑显示器和笔记本的外观如图1-65所示。当然,其他PC机也同样可以完成任务,可以根据个人喜好而定。

在拥有一台电脑的同时,也可以配备一个wacom的数位板,如图1-66所示。做设计免不了绘制一些有想法的素材,有一块数位板能节省很多时间,同时也能锻炼设计师的手绘能力。

图1-65

图1-66

02

游戏世界的基本法则

本章将着重讲解游戏设计的一些基本知识，例如，如何把控游戏的布局，如何处理视觉交互，如何让游戏的用户体验更好，以及如何掌控游戏本身等。

2.1 游戏界面的基本特性

设计出一款美观简洁、秩序感强，并能很好地为游戏的宗旨和内容服务的游戏，是每位游戏人所追求的灵魂。游戏体验的层次感尤为重要。制作一款趣味性强、宗旨明确的游戏并不简单。下面对游戏风格的统一性、视觉交互的重要性和UI设计的把控性进行介绍，让读者进一步了解游戏的基本特性。

2.1.1 风格统一化

在讲解游戏风格之前，首先要明白游戏的类型（game genres），因为游戏的类型与游戏的风格有着直接的关系。常见的游戏类型主要分为6类：动作类、冒险类、模拟类、角色扮演类、休闲类和其他类，它们又各有几十种分支，形成了庞大的"游戏类型树"。

根据不同的游戏类型又可以将其风格概括为两大类：一是写实类，二是卡通类。"写实类游戏"没有公认的术语名词，只是注重模拟现实对象，例如模拟人生系列，如图2-1所示。

图2-1

卡通类则没有太明确的风格划分。例如，《魔兽世界》可以大体归纳为欧美风，而《梦幻西游》则归纳为中国风，《洛奇英雄传》归纳为日韩风等，如图2-2~图2-4所示。

| 图2-2 | 图2-3 | 图2-4 |

风格是一种展示游戏的方法和手段，没有实质的定义，例如，魔兽也可以通过Q版卡通风格去展示，所以风格的方向把控与故事的发展背景和市场的需要有直接关系，只要把控好大体方向即可。

确定好风格的走向后，一定要注意此类风格元素的运用，不要尝试用过于跳跃的元素去搭配确定好的风格。整体的游戏风格把控要有统一性，注意游戏的界面、图标、按钮和文字的搭配与运用，如图2-5所示。在设计这个界面之前，首先要搜集相应的素材，在选择素材的时候一定要与游戏的风格相匹配，例如，图标如何展示才能表现出魔幻的效果，书籍如何处理才能表现出厚重感和沧桑感，颜色如何搭配才能体现出富贵气质等，如图2-6所示。当设计师锁定了这些细节后，把这些元素排列和组合起来就是我们的主视觉了。

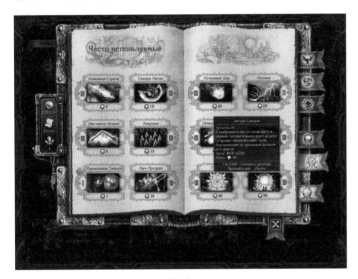

图2-5

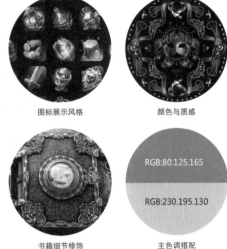

图标展示风格　　颜色与质感

书籍细节修饰　　主色调搭配

图2-6

2.1.2 视觉交互的重要性

在游戏中怎样才能更好地引导用户去关注信息，更好地让用户高频率的点击热区。想要做到这一点，需要在人机交互和视觉交互上达成一致。热区的达成是交互设计必须要考虑的问题，在不影响游戏画面美观度的前提下，让用户能很自然地体验游戏才是交互设计师的价值所在。而交互的操作也要依托于UI设计的视觉展示，要让所设计的元素做到醒目且不影响游戏的整体效果。因此，UI设计师应该在设计中尽量求简去繁，让用户直观地了解功能的含义，这才是最佳的处理方法。

例如，刚拿到的原型图可能是图2-7所示的样式，这样的原型图可能只是产品经理对这个界面的一个初步想法，这时UI设计师应该主动与产品经理沟通，确保自己的理解和产品经理想要表达的意思是一致的。

UI设计师第一次做出来的效果可能如图2-8所示。这样的设计是完全按照产品经理的意思去做的，虽然功能的要求已经达到，但是对于用户的喜好与界面的整体效果而言，是不适宜的。

因此，UI设计师需要在此基础上做进一步的调整，如将必要的文字变成图标，把可节省的功能简易化，让用户可以快捷地体验游戏带来的乐趣，最终效果如图2-9所示。

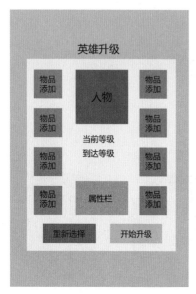

图2-7

图2-8

图2-9

2.1.3　游戏UI设计的把控

　　每个人对美都有不同的见解，抛开交互不说，一款游戏能在美观度上吸引用户，可视为成功的第一步。但是如何把控美观度，如何吸引用户的眼球，这是设计师需要思考的问题。下面我们对游戏的细节进行一下讲解。

　　图2-10和图2-11所示的都是典型的三消类型游戏，玩法大致相同。可是不难看出，图2-11比图2-10更加吸引眼球。因为图2-11所示的这款游戏借鉴了游戏的故事主题"农场"，在界面设计中尽可能地借用了农场里的资源来展现游戏的数据。问题就在于此，一款好的产品，不仅仅要注重交互，同时也要有一个把控产品美术的职位存在。这个职位要有良好的美术基础，懂得当下流行趋势，要能把控视觉大局，更要有好的创意点去完善产品的细节。细节在于对图标的刻画和对界面要阐述故事的适度性是否合理。

图2-10

图2-11

创意的难点在于，如何根据故事的情节去设定游戏的内部元素展现，才能让用户更加自然的体验游戏。确定了这一点，游戏的大体方向就好规划了。

在图2-12中对图2-11所示界面的设计亮点进行了分析，主要有以下6点。

1号设计点：用比较柔和的展示手法把信息放在一块悬吊的木板上，让信息更加明朗化。

2号设计点：很好地借鉴了装运货物的需求，告知玩家通关的必要条件是什么。让玩家有一种通关的成就感和完成任务的急迫感。

3号设计点：和1号设计点的展示手法比较相似。更合理地借用警示牌来提示玩家所要接收的信息。

4号设计点：根据这个流动区域的特征，用水渠来展示再好不过了。完整地诠释了农场的必然因素。

5号设计点：创意点很强。操作区的设计不是很好把控的，借用农田作为操作底图可以更大化的为消除元素提供可拓展的空间。也可借用土地上出现的一切元素进行拓展设计。例如，搞破坏的田鼠、荒废的稻草、挖掘出钻石等。拓展空间很大。

6号设计点：借用水洼来衬托工具的展示效果。也可用木台来展示，只要元素运用得合乎情理都是可以的。

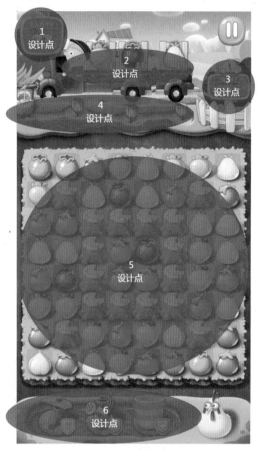

图2-12

2.2 抓住游戏界面的设计要素

对于游戏界面，设计师要考虑的因素有很多，例如，游戏的交互、游戏的感官体验、色彩的搭配、信息的展示、布局的合理性等，都需要设计师去权衡把控。

2.2.1 界面布局

关于游戏界面的排版与布局，设计师不能只是一味去堆积信息，而是要懂得梳理信息。想把一个界面布局得合理妥当要注意以下几点。

第1点：把功能区域划分出来，如公告区、主导航区、活动区和副导航区等，如图2-13所示。

第2点：划分好后，根据划分出来的区域进行合理的排版布局，将信息最大化展示给玩家，如图2-14所示。如果展示不下，可以运用下拉或者拖动的方式让界面有可拓展性。

第3点：利用界面的独特性和展示空间，为界面设计最舒适且有用户习惯的界面，如图2-15所示。

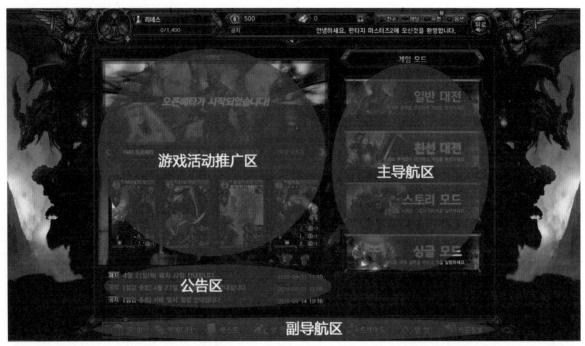

图2-13

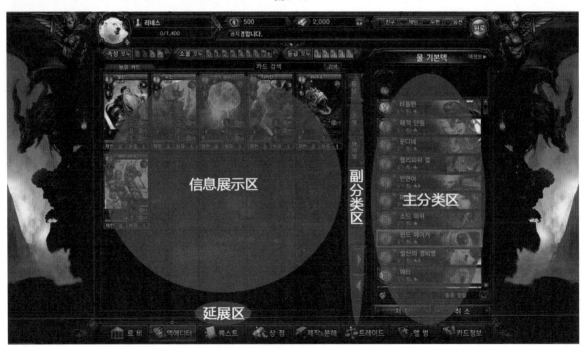

图2-14

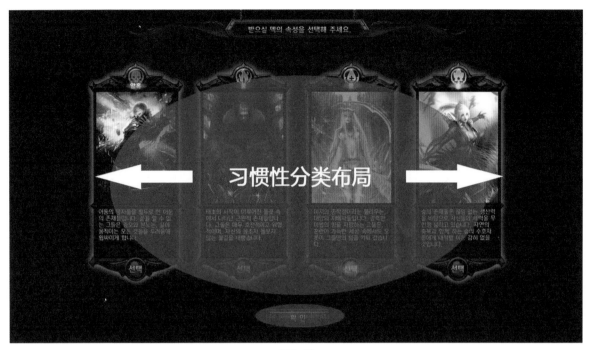

图2-15

2.2.2 视觉习惯

在视觉上要注重玩家的阅读习惯，不要逆反常规思维。作为设计师，要利用界面的有限空间，让信息清晰化，让留白合理化，让控件便捷化。鉴于大家的阅读习惯是由上而下、由左至右，在游戏设定时大多数横屏为由左至右的视图，竖屏为由上至下的视图，如图2-16和图2-17所示。这样做主要取决于游戏本身的设定和操作习惯，在此我们只需要了解用户的使用习惯即可。

图2-16

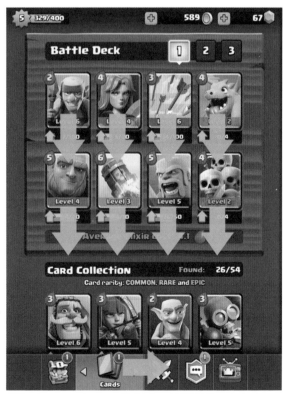

图2-17

2.2.3 色彩搭配

色彩是界面设计不可缺少的重要元素之一，不同的颜色给人带来不同的视觉感受，因此，为游戏设计选择合适的颜色，是游戏设计师需要解决的重要部分，设计师需要对游戏的背景色、元素色、文字色和按钮色等进行色彩把控。例如，红色给人的感受是火热、黄色给人的感觉是舒适、黑色给人的感觉是庄重、绿色给人的感觉是活力。所以，想要运用好颜色就要了解颜色的含义与搭配技巧。

1.色彩的基础知识

为了能在游戏设计中更好地搭配颜色，应该先了解一些基本知识。在美术中将红、黄、蓝称为三原色。将两种不同的原色进行混合所得到的颜色为二次色，又叫间色。将任何两个间色或者三个原色相混合而成的三次色，叫复色。大家可以在图2-18~图2-20中学习到更多的色彩基础知识。

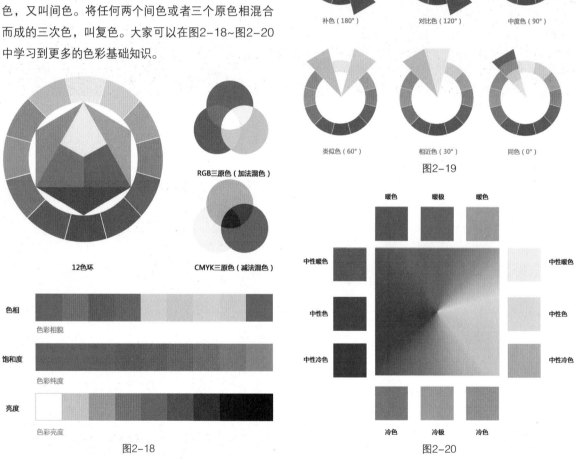

补色（180°）　对比色（120°）　中度色（90°）

类似色（60°）　相近色（30°）　同色（0°）

图2-19

RGB三原色（加法混色）

12色环　　CMYK三原色（减法混色）

色相
色彩相貌

饱和度
色彩纯度

亮度
色彩亮度

图2-18

暖色　暖极　暖色

中性暖色　　　　　中性暖色

中性色　　　　　中性色

中性冷色　　　　　中性冷色

冷色　冷极　冷色

图2-20

对于色彩搭配而言。色彩空间分为前进色（暖色）与后退色（冷色），从明度上看，亮色有前进感，暗色有后退感。而且，颜色的前进与后退跟背景色紧密相关，暗色背景前进色更明显，反之，亮色背景，深色向前推进，如图2-21所示。

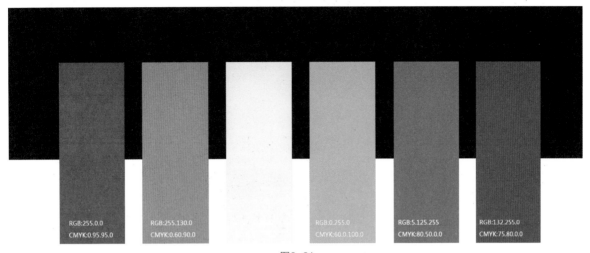

图2-21

在设计界面时一定要注意色彩搭配的统一性。

首先，界面的色彩应该与用户群体的属性相统一。在制作游戏前要确定好游戏所面临的用户群体，不同的用户群体对色彩的喜好也是不同的。例如，针对儿童的游戏界面颜色就应该可爱些，针对女性的游戏界面颜色就应该时尚些，针对男性的游戏界面颜色就应该炫酷些。因此，色彩的定位一定要考虑到用户的性别、年龄和喜好等因素，利用这些因素去激发玩家的兴趣点，这样才有利于游戏的推广和宣传，才能得到用户的青睐。

其次，界面的色彩要与游戏的风格相统一。给用户留下第一印象的就是界面风格。如何运用色彩来营造游戏界面的风格，是设计师需要考虑的重要问题。想要处理好界面的整体感，就要对颜色的饱和度、明暗度、色彩感有很好的掌握。掌握了这3种要素后，再配合游戏自身的风格定位，就能很好地设计出色彩斑斓的界面来。

下面我们针对色彩的搭配进行一些案例讲解与分析。

2.男性游戏色彩搭配

在针对男性用户群体设计游戏界面时，应该主要采用暗灰色调，以此来展现游戏界面的高端感。具体展示的暗度和纯度都会偏低些，游戏数据和元素的颜色纯度反而会很高。下面是常用的男性游戏配色，仅供参考，如图2-22~图2-24所示。

图2-22

图2-23

图2-24

3.女性游戏色彩搭配

对于女性玩家来说，色彩搭配和人物设定直接影响游戏的占有率。人物设定是原画设计师要考虑的事情，而界面的色彩搭配就是UI设计师需要重点考虑的问题。如何抓住女性的心理，在这里根据年龄以两个阶段来分析：第一个阶段是少女阶段，对于这个阶段的界面表达，一般都会用萌动和幻想作为中心加以展示。主要色系以粉红色为主；第二个阶段是成熟女性，这个阶段的女性玩家，已经有了一定的鉴赏能力和自我欣赏能力，对于这个阶段的界面表达，可以用优雅高贵的界面加以展现。色系主要以暖色为主，表现的色调较为平和。下面是常用的女性游戏配色，仅供参考，如图2-25~图2-27所示。

图2-25

图2-26

图2-27

4.儿童游戏色彩搭配

吸引儿童的游戏界面，一般色彩的饱和度会比较高，色彩对比也比较强烈。因此，在设计儿童界面时一定要把控好色彩的纯度。同时在设计儿童界面的时候要注意，尽量把界面做得活泼可爱些。针对女孩的游戏界面多以黄色、粉色为主；针对男孩的游戏界面则采用蓝色、绿色。下面是常用的儿童游戏配色，仅供参考，如图2-28~图2-30所示。

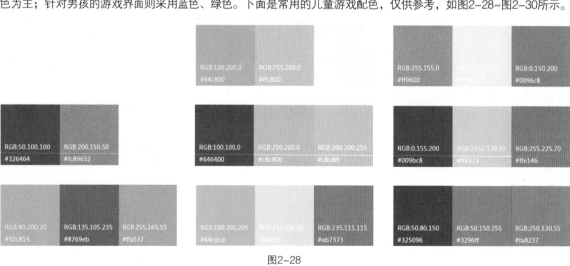

图2-28

RGB:20.35.70
#142346

RGB:255.200.70
#ffc846

RGB:225.225.70
#e1e1e6

图2-29

RGB:0.50.130
#003282

RGB:80.210.230
#50d2e6

RGB:250.175.30
#faaf1e

图2-30

2.2.4 信息传达

在游戏中文字信息是最容易被忽略的，但也是最核心的部分。

游戏文字分为两部分，一部分是游戏的Logo，另一部分是游戏内部的界面文字。Logo的设计可以风格化、趣味化一些，主要的设计点在于游戏的自身定位与风格展示，可以借鉴游戏的故事背景和游戏内部元素来绘制Logo，展现游戏的个性化设计。

图2-31和图2-32所示为以欧美魔幻题材为主的游戏风格。游戏的整体色调偏暗，根据前面所学习的色彩搭配知识，那么Logo的颜色应该亮一些。游戏整体采用厚重的石块为底纹材质，Logo也可以根据这个特点去做相同的材质效果。最后加上游戏的某种象形文字的道具作为点缀，暗黑魔幻风格的Logo基本就完成了。

图2-31   图2-32

对于游戏内部的信息文字色彩搭配，应该根据游戏的背景颜色而定。比较昏暗的背景就采用亮度和饱和度较高的文字颜色进行表现；反之背景图较亮的，就用颜色较暗的文字展示其效果。以确保文字信息能够清晰地传达给用户，如图2-33~图2-35所示。

图2-33

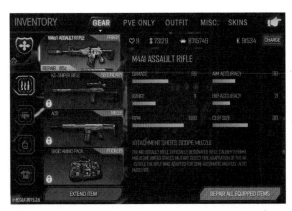

图2-34

图2-35

2.2.5 游戏的自我独立性

每款游戏都有自己的风格和特色，而这些风格和特色又与系统的操作手法密切相关。针对手游，常见的操作方式有以下几种，如图2-36所示。

| Tab | Double Tab | Touch&hold | Horizontal scroll | Vertical scroll |

| 2x Tab | 2x Double Tab | 2x Flick Right | 2x Flick Left | 2x Room In |

| Spread | Rotate | Drag | 3x Tab | Camera |

图2-36

设计师可以针对这些操作习惯，设计游戏的交互操控，进一步让玩家体验游戏交互带来的乐趣。下面就列举出几款不同操作、不同视觉的游戏界面，为大家进行具体的分析和讲解。

《纪念碑谷》颠覆了很多人对3D游戏的认知，如图2-37所示。创意来自荷兰版画大师埃舍尔（M. C. Escher）的作品，通过立体空间给人一种视觉上的错觉冲击，完全不同于一般的3D类型游戏，颠覆了人们所认知的游戏空间操作。

虽然操作习惯不变，可是对于游戏而言，已经超越了系统本身的概念。

图2-37

《水果忍者》是最早的一批手游产品，如图2-38所示。这款游戏将交互的概念展现得淋漓尽致，让玩家乐享其中。

后续也衍生了很多类似《水果忍者》的游戏。其实《水果忍者》这款游戏的创意来源也非常简单，当人们打开游戏的时候，看到水果图标很自然就会去点击，但是利用手指划过做操控提示还是比较新颖的，于是很自然地采用划过的手势去点击图标，并且还把这种交互方式延续到游戏中。利用这个简单的滑动，让这款游戏在此类游戏中遥遥领先。

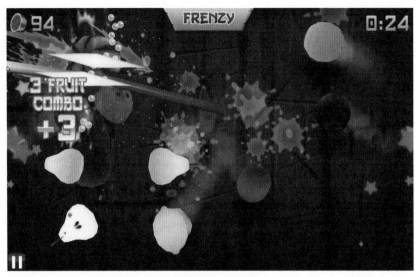

图2-38

《愤怒的小鸟》是由Rovio Entertainment Ltd开发的一款休闲益智类游戏，于2009年12月首发于iOS，如图2-39所示。故事背景是小鸟为了护蛋，展开了与绿色猪之间的斗争，触摸控制弹弓，完成射击。为了护蛋，各种鸟类展现出其特殊的技能，玩家必须要了解每种小鸟的特技，通过合理的操作才能完成任务。游戏的原理虽然简单，可是产生的连带效果却不可预估。这款游戏深受玩家喜欢，后续延伸了很多版本，还根据故事拍成了电影。

图2-39

03

移动游戏基础界面的绘制方法

　　本章将为大家讲解手游界面各类要素的绘制方法，如游戏的按钮、图标、各种操作界面等，让大家掌握手游界面设计的基本知识与相关技法，通过不断积累与练习创作属于自己的作品。

3.1 绘制游戏界面的基础知识

对于初学者而言，对美术基础知识的掌握显得尤为重要，因为这些基础知识直接关系到界面设计的好坏。首先需要明白的是透视关系，任何物体都是由点、线、面组成的，而物体与物体之间存在着空间距离，想要区分这些空间，就要了解透视的基本关系，可以用"近大远小，近实远虚"来理解，如图3-1和图3-2所示。

与透视关系密不可分的还有光影关系。光影是由光源照射产生的，发光源可以有一个，也可以有多个。不同光源照射物体后产生的效果大体相同，都有高光、暗光、反光、明暗交界线，如图3-3所示。

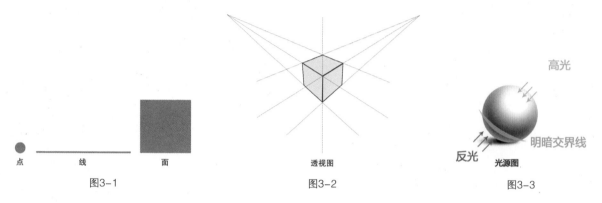

点	线	面		透视图		光源图

图3-1　　　　　　　　　　　　　　　　图3-2　　　　　　　　　　图3-3

在了解了透视关系和光影关系后就可以很轻松地处理好物体的空间感和体积感，能够更加真实地塑造我们想要的物体。

除了需要具备美术基础知识外，游戏界面设计还需要我们对常用的软件基础知识进行了解和学习。在这里特别为大家讲解一下布尔运算和图形工具的使用方法。对于初学者来说，运用图形工具和布尔运算绘制图形是非常方便的。在没有熟练掌握手绘技能前，还是要多加练习Photoshop的绘制技法，通过掌握图形和布尔运算的知识，可以帮助我们了解物体的基本结构关系。

首先需要对形状有一定的理解，其实任何复杂的形状都是由简单的几何形体组合而成的。只要明白了这一点，就可以很轻松地打造出我们所需要的任何图形。图3-4所示是Photoshop软件为大家提供的常用形状工具。

矩形工具　　　　圆角矩形工具　　　　椭圆工具　　　　多边形工具　　　　直线工具　　　　自定义工具

图3-4

图3-5所示是Photoshop提供的几种布尔运算方式。通过对不同形状之间的交集进行合并、减去、相交、层叠等，可以得出我们想要的任何形状。

合并形状　　　　减去顶层图形　　　　与形状区域相交　　　　排除重叠形状

图3-5

布尔运算的前提是，所画的形状必须在同一个图层内才可以达到运算效果。下面就布尔运算的方法进行讲解。

1.合并形状

合并形状就是把两个图形组合在一起，可以用焊接的原理来理解，如图3-6所示。

图3-6

2.减去顶层形状

用第一个图形减去第二个图形，剪掉的部分为第一个图形与第二个图形重叠的区域，如图3-7所示。

图3-7

3.与形状区域相交

采用这种运算方式可以得到两个图形相交的区域，如图3-8所示。

图3-8

4.排除重叠形状

采用这种方式将两个图形进行运算，只显示重叠以外的形状，如图3-9所示。

图3-9

通过上面的讲解，相信大家已经基本掌握了布尔运算的方法，只要大家多加练习就可以运用布尔运算得到想要的任何形状。在后面的实际练习中也会用到布尔运算，大家可以慢慢领会。

3.2 游戏常用按钮的绘制方法

在游戏界面中，按钮是必不可少的元素，它主要用于引导玩家进行游戏操作。在设计游戏按钮时应该与游戏界面的整体风格和其他游戏元素保持一致。不同的游戏应该绘制不同的按钮，这样才能更好地展现游戏的特点，如图3-10所示。

图3-10

素材：练习3-1

　　下面就为大家讲解一款按钮的绘制方法，此按钮适用于欧美风格界面，也可用于博彩类游戏界面。希望大家通过本案例的学习能够熟练掌握Photoshop软件的形状工具，能够采用同样的设计思路绘制出不同的游戏图标。本案例的配色方案如图3-11所示，最终效果如图3-12所示。

图3-11　　　　　　　　　　　　　　　　　　　　图3-12

01　执行"文件\新建"，设置【宽度】为900像素，【高度】为600像素，【分辨率】为72，【颜色模式】为RGB，如图3-13所示。

图3-13

02　用【圆角矩形工具】绘制一个【半径】为10像素的圆角矩形，然后为其填充颜色R255、G200、B50作为背景颜色，如图3-14所示。

03　在圆角矩形图层上单击右键，选择【混合选项】，勾选【斜面和浮雕】效果，设置【深度】为100%，【大小】为20像素，【角度】为90度，不勾选【使用全局光】，【高光模式】为滤色，设置高亮颜色为R244、G214、B33，【阴影模式】为正片叠底，设置阴影颜色为R176、G98、B33，如图3-15所示。

图3-15

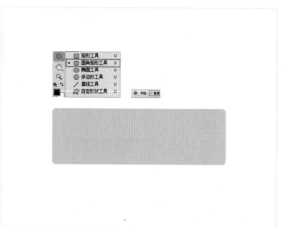

图3-14　　　　　　　　　　　　　　　　　　　　图3-15

04 勾选【渐变叠加】，单击控制面板上的渐变条，在【位置】0%处设置颜色为R252、G200、B50，在【位置】80%处设置颜色为R250、G180、B50，在【位置】100%处设置颜色为R255、G230、B120，如图3-16所示。

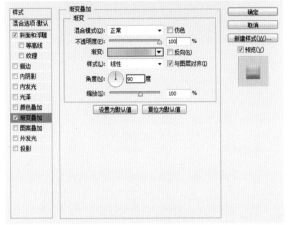

图3-16

05 将圆角矩形复制一个，然后按Ctrl+T组合键在上方的工具栏单击【保持长宽比】，将复制的圆角矩形缩小到90%，如图3-17所示。

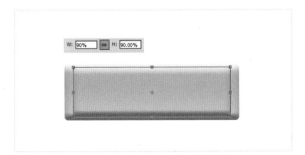

图3-17

06 在缩放后的圆角矩形图层上单击右键，并在弹出的菜单中选择【清除图层样式】；然后单击【添加图层样式】按钮 fx，在弹出的菜单中选择【描边】，设置【大小】为2像素，【位置】为内部，【不透明度】为100%，【填充类型】为渐变；接着单击控制面板上的渐变条，在【位置】0%处设置颜色为R45、G190、B225，在【位置】100%处设置颜色为R20、G55、B145，如图3-18所示。

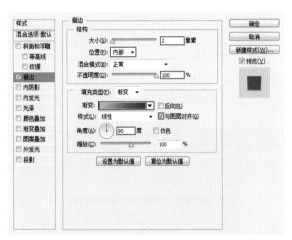

图3-18

07 勾选【内阴影】，设置颜色为R0、G0、B0，设置【不透明度】为75%，【角度】为90度，不勾选【使用全局光】，【距离】为10像素，【阻塞】为0%，【大小】为15像素，如图3-19所示。

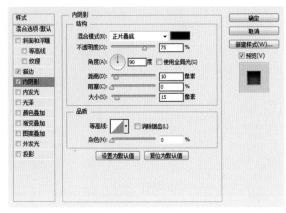

图3-20（续）

图3-19

08 勾选【渐变叠加】，然后单击控制面板上的渐变条，在【位置】0%处设置颜色为R55、G180、B230，在【位置】80%处设置颜色为R20、G45、B140，在【位置】100%处设置颜色为R75、G190、B230，如图3-20所示。

09 勾选【投影】，设置【混合模式】为正常，设置阴影颜色为白色，【不透明度】为100%，【角度】为90度，不勾选【使用全局光】，【距离】为2像素，如图3-21所示。

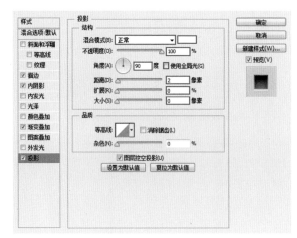

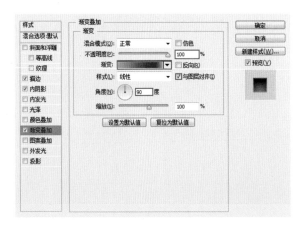

图3-20

图3-21

10 为了让黄色边框看起来更加有凹凸感，需要运用【布尔运算】，把黄色的边框修剪出来。首先把黄色图形和蓝色图形各复制出一份，然后把复制的两个形状图层合并到一起，让两个形状在一个图层上，合并后的图层会附带【图层样式】。接着选中里面的路径，单击工具栏上面的布尔运算，并在弹出的菜单中选择【减去顶层形状】，就能得到想要的形状了，如图3-22所示。因为之前复制出来的图形附带【图层样式】，可以选中修改后的图层，单击右键选择【清除图层样式】，如图3-23所示。

11 将制作好的黄色镂空图层置顶，并将【填充】调整为0%，然后单击右键选择【混合选项】，勾选【斜面和浮雕】效果，设置【样式】为内斜面，【方法】为平滑，【深度】为240%，【大小】为25像素，【角度】为90度，不勾选【使用全局光】，【高光模式】为滤色，设置高亮颜色为R245、G225、B90，【不透明度】为75%，【阴影模式】为正片叠底，设置阴影颜色为R235、G165、B25，【不透明度】还是为75%，如图3-24所示。

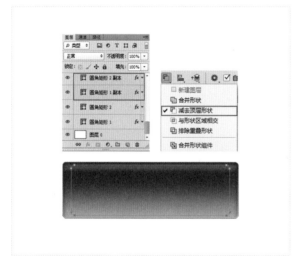

图3-22

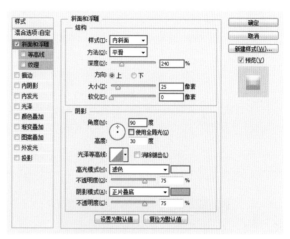

图3-23

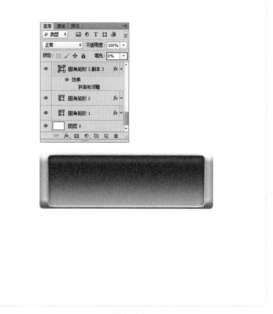

图3-24

12 勾选【内发光】，设置【混合模式】为滤色，【不透明度】为75%，设置发光颜色为R240、G240、B130，【大小】为5像素，【范围】为50%，如图3-25所示。

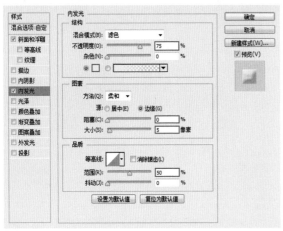

图3-26（续）

14 按钮底图已经设计完成，接下来可以设计一些简单的花纹作为点缀。首先用【矩形工具】绘制一个正方形，按Ctrl+T组合键翻转45度使其变成一个菱形，然后按住Ctrl+Alt组合键用鼠标拖曳菱形，这样可以复制出一个菱形（鼠标不要放开），如果想让复制出来的菱形水平或垂直运动，可以在按住Ctrl+Alt组合键的同时按住Shift键，这样复制出来的物体就会水平或垂直运动，复制后的效果如图3-27所示。

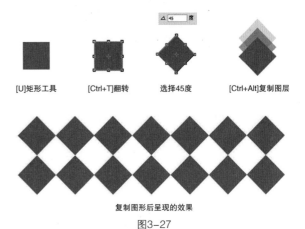

复制图形后呈现的效果

图3-27

图3-25

13 勾选【投影】，设置【角度】为90度，不勾选【使用全局光】，【距离】为5像素，【大小】为10像素，如图3-26所示。

图3-26

小技能知识点

在形状工具图层状态下，按住Shift键时鼠标的箭头会变成+号，作用是可以在原有的形状上添加图形。

按住Alt键拖动鼠标，鼠标箭头会变成-号，作用是在原有的形状上减去图形。

按住Ctrl+Alt组合键是复制原有图形，Shift键是平行或垂直移动图形、熟练掌握这些知识，我们就可以快速地制作出自己想要的图形来。

15 制作完菱形图后要将其放置在按钮上。选中绘制好的菱形并为其填充颜色R10、G20、B45，然后为该图层添加一个图形蒙版，如图3-28所示。接着为该蒙版添加渐变颜色（快捷键G），在【位置】0%处设置颜色为R0、G0、B0，在【位置】100%处设置颜色为R255、G255、B255，最后按住Shift键在蒙版上由下向上拉伸，如图3-29所示。

图3-28

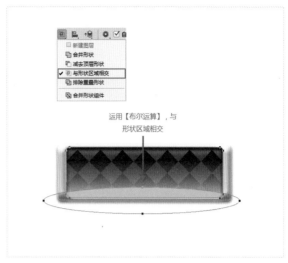

运用【布尔运算】，与
形状区域相交

图3-31

17 底部反光制作好后，在【底光】图层上单击右键，并在弹出菜单中选择【转化为智能对象】，然后执行"滤镜\模糊\高斯模糊"，设置【大小】为5像素，如图3-32所示。

图3-29

16 按钮的背景效果就基本完成了，接下来制作底部反光和质感光。先复制一个蓝色框，为了和其他蓝色图层进行区分，将图层名称修改为【底光】，并把该图层移动到最上面层，然后将原有的【图层样式】清除，并重新为其填充颜色R0、G255、B255，如图3-30所示。接着在该图层下方绘制一个椭圆形，并利用布尔运算的【与形状区域相交】，得出图3-31所示的图形。

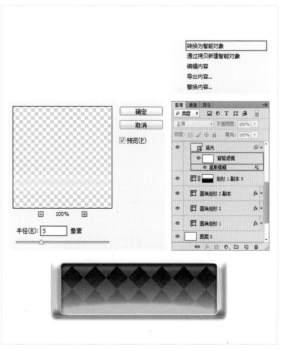

图3-32

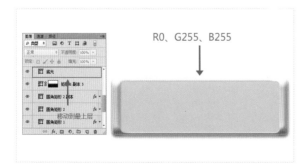

图3-30

18 开始制作质感光，制作方法与反光的制作方法相同。先复制一个蓝色底图并置顶，然后在复制的图层上单击右键选择【清除图层样式】，接着为其重新填充颜色为R100、G195、B215，如图3-33所示。最后在图形上方绘制一个椭圆形，并利用布尔运算的【与形状区域相交】得出需要的形状，如图3-34所示。

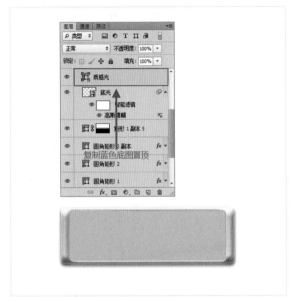

图3-33

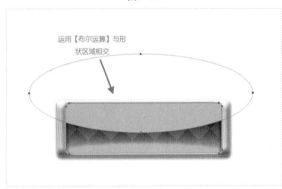

图3-34

19 在制作好的图层上单击【添加图层蒙版】，然后单击属性栏的渐变条，并在【位置】0%处设置颜色为R0、G0、B0，【位置】100%处设置颜色为R255、G255、B255，接着按住Shift键由上向下拉出渐变效果，如图3-35所示。如果颜色过亮可以调整图形【不透明度】。

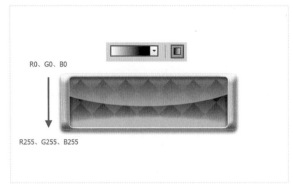

图3-35

20 制作完成后，可以把目前制作的文件群组到一个文件夹里，方便日后整理，双击文件夹可以修改文件名称，如图3-36所示。

图3-36

21 开始制作装饰物。首先在按钮底层绘制一个菱形，然后勾选【斜面和浮雕】，设置【样式】为内斜面，【方法】为雕刻清晰，【深度】为300%，【大小】为10像素，【软化】为0像素，【角度】为90度，不勾选【使用全局光】，【高光模式】为滤色，设置高亮颜色为R255、G180、B55，【阴影模式】为正片叠底，设置阴影颜色为R255、G155、B75，如图3-37所示。

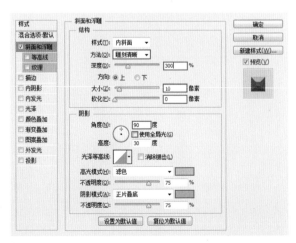

图3-37

图3-37（续）

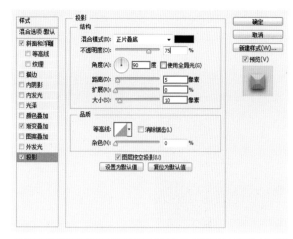

22 勾选【渐变叠加】，设置【不透明度】为100%，然后单击控制面板上的渐变条，在【位置】0%处设置颜色为R215、G135、B10，【位置】100%处设置颜色为R255、G175、B60，如图3-38所示。

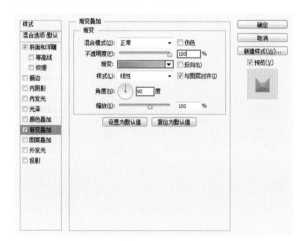

图3-39

24 把菱形移动到其他图层下面，并复制一个菱形，让两个菱形与底座水平居中对齐，放在按钮两侧，如图3-40所示。

图3-38

23 勾选【投影】，设置【角度】为90度，不勾选【使用全局光】，【距离】为5像素，【大小】为10像素，如图3-39所示。

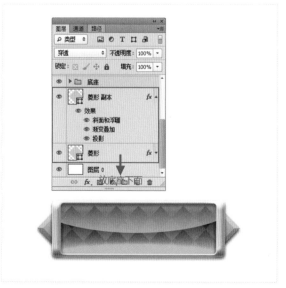

图3-40

25 制作圆形装饰物。激活【椭圆工具】，按住Shift键绘制一个圆形，然后为其填充颜色为R255、G0、B0，如图3-41所示。

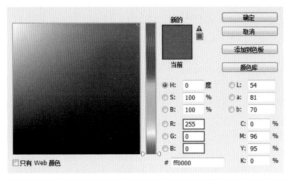

图3-41

26 勾选【描边】，设置【大小】为8像素，【位置】为内部，【填充类型】为渐变，然后单击控制面板上的渐变条，在【位置】0%处设置颜色为R255、G225、B110，【位置】30%处设置颜色为R255、G120、B0，【位置】80%处设置颜色为R255、G220、B130，【角度】为90度，勾选【与图层对齐】复选框，如图3-42所示。

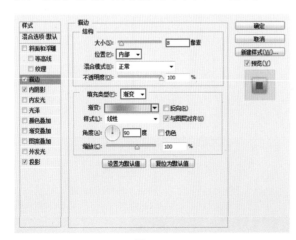

图3-42

图3-42（续）

27 勾选【内阴影】，设置【角度】为90度，不勾选【使用全局光】，【距离】为0像素，【阻塞】为50%，【大小】为20像素，如图3-43所示

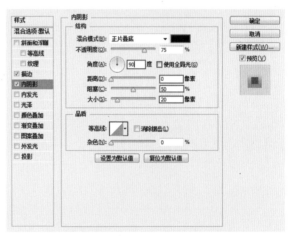

图3-43

28 勾选【投影】，设置【不透明度】为75%，【角度】为90度，不勾选【使用全局光】，【距离】为0像素，【扩展】为2%，【大小】为5像素，如图3-44所示。

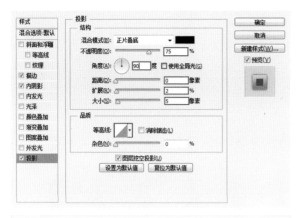

图3-44

29　制作完圆形后，绘制一个小于圆形的白色椭圆形，并将该图层命名为【高光】，然后为其添加【图层蒙版】，如图3-45所示。

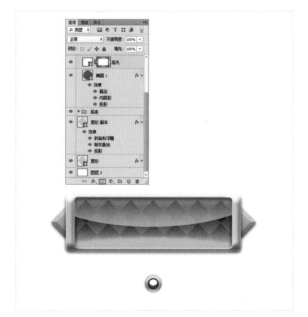

图3-45

30　单击属性栏的渐变条，并在【位置】0%处设置颜色为R0、G0、B0，【位置】100%处设置颜色为R255、G255、B255，接着按住Shift键由上向下拉出渐变效果，高光效果如图3-46所示。

图3-46

31　将制作好的红色按钮图层群组并复制一份，放在蓝色按钮两侧，如图3-47所示。

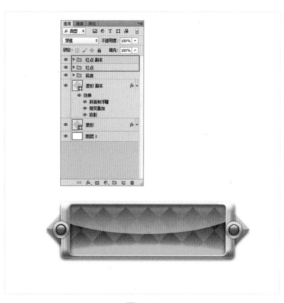

图3-47

32 整体按钮绘制完毕，按快捷键T，使用【横排文字工具】输入文字信息，并设置适合的字体样式（可根据个人喜好选择字体）。然后在文字图层上单击右键，选择【混合选项】，勾选【渐变叠加】，设置【角度】为90度，接着单击控制面板上的渐变条，在【位置】0%处设置颜色为R255、G205、B62，【位置】15%处设置颜色为R245、G140、B10，【位置】85%处设置颜色为R255、G230、B135，如图3-48所示。

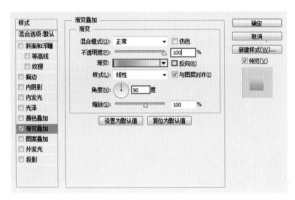

图3-48

33 勾选【投影】，设置【角度】为90度，【距离】为3像素，【扩展】为0%，【大小】为5像素，完成按钮的绘制，最终效果如图3-49所示。

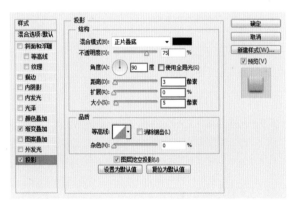

图3-49

3.3 游戏常用图标的绘制方法

3.3.1 游戏主图标的绘制方法

在游戏主页中有很多主导按钮，我们经常把它们叫作主图标，例如设置、首页、钻石和背包等，如图3-50所示。

图3-50

对于初学者，平时需要多搜集各类图标的相关资料，进行分析与临摹。通过练习各类图标的绘制手法，提升软件操控能力，从而掌握各类图标的绘制技法。下面就游戏主界面中经常出现的"宝箱"进行练习与讲解。通过对【钢笔工具】与【形状工具】的操作，绘制简单的宝箱图标。让初学者了解和掌握【钢笔工具】与【形状工具】的设计技巧。本案例的配色方案如图3-51所示，最终效果如图3-52所示。

图3-51

图3-52

01 首先，要确定箱子的基本形态。用【矩形工具】绘制出个两个矩形，然后选中两个图层将其水平居中对齐，如图3-53所示。

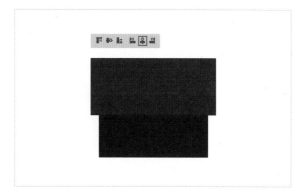

图3-53

02 选择其中一个矩形，按Ctrl+T组合键，单击右键，选择【透视】，让形状有透视感，然后采用同样的方法调整另外一个矩形，如图3-54所示。

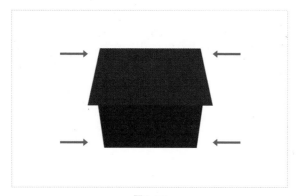

图3-54

小技能知识点

【钢笔工具】可以用来绘制路径，并可以对路径进行再次编辑。使用图形工具绘制的形状，也可以用【钢笔工具】进行编辑。想要熟练掌握【钢笔工具】的使用技巧，就必须要学会它与Ctrl、Alt、Shift这3个键的配合。

Ctrl键：用【钢笔工具】编辑好图形后，如果想移动【锚点】，可以按住Ctrl键用鼠标框选要移动的锚点，也可以按住Ctrl，移动锚点与锚点间的线。如果想选择更多的锚点，有两种方法：一种是按住Ctrl键用鼠标框选锚点。另外一种是同时按住Ctrl+Shift组合键，多次单击想要编辑的锚点。

Alt键：可以控制锚点的杠杆，让锚点上的线随意变化出需要的曲线形状；也可以单击带有杠杆的锚点，让锚点快速垂直，取消曲线杠杆。

Shift键：按住Ctrl+Alt+Shift组合键可以水平或者垂直移动选中的锚点。想同时选中多个锚点可按住Ctrl+Shift组合键进行选择。

03 在箱子的顶部和底部中间加两个锚点，然后选中锚点分别向里面移动，调整后的效果如图3-55所示。

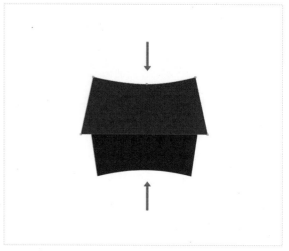

图3-55

04 在箱子顶部图层上单击右键，选择【混合选项】，勾选【渐变叠加】，设置【不透明度】为100%，然后单击控制面板上的渐变条，在【位置】0%处设置颜色为R55、G25、B10，在【位置】40%处设置颜色为R105、G50、B10，在【位置】65%处设置颜色为R65、G35、B10，在【位置】65%处设置颜色为R110、G65、B30，在【位置】84%处设置颜色为R105、G50、B5，在【位置】100%处设置颜色为R75、G35、B10，设置【角度】为90度，如图3-56所示。

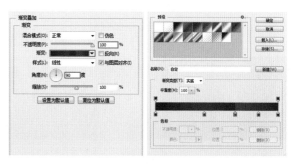

图3-56

图3-56（续）

05 在箱子底部图层上单击右键，选择【混合选项】，勾选【内阴影】，设置【角度】为90度，【距离】为5像素，【阻塞】为0%，【大小】为50像素，如图3-57所示。

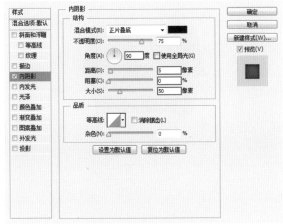

图3-57

06 勾选【渐变叠加】，设置【不透明度】为100%，然后单击控制面板上的渐变条，在【位置】0%处设置颜色为R60、G25、B20，在【位置】20%处设置颜色为R50、G20、B0，在【位置】100%处设置颜色为R75、G40、B20，接着勾选【与图层对齐】复选框，设置【角度】为90度，如图3-58所示。

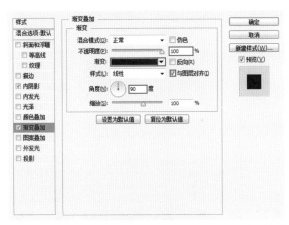

图3-58

07 先制作箱子底部，用【钢笔工具】绘制箱子底部边框，效果如图3-59所示。

图3-59

08 在边框图层上单击右键，选择【混合选项】，勾选【内发光】，设置【不透明度】为75%，设置发光颜色为R180、G97、B40，【阻塞】为0%，【大小】为5像素，如图3-60所示。

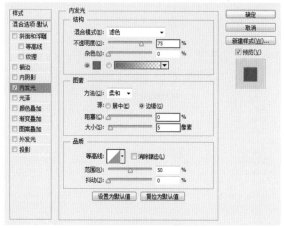

图3-60

09 勾选【渐变叠加】，设置【混合模式】为正常，【不透明度】为100%，然后单击控制面板上的渐变条，在【位置】0%处设置颜色为R185、G105、B40，在【位置】100%处设置颜色为R95、G40、B5，如图3-61所示。

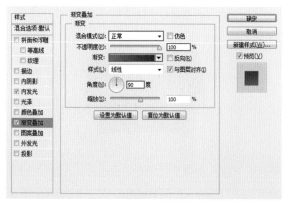

图3-61

图3-61（续）

10 把设置完的边框复制一个，按Ctrl+T组合键，单击右键，选择【水平翻转】，然后将其移动到箱子底部的另一端，如图3-62所示。

图3-62

11 贴近底部，用【钢笔工具】绘制第二个装饰品，如图3-63所示。

图3-63

12 在绘制好的形状图层上单击右键，选择【混合选项】，勾选【斜面和浮雕】，设置【方法】为雕刻清晰，【深度】为440%，【大小】为2像素，【角度】为90度，不勾选【使用全局光】，【高光模式】为滤色，设置高亮颜色为R108、G50、B10，【不透明度】为75%，【阴影模式】为正片叠底，设置阴影颜色为R161、G50、B16，【不透明度】为49%，如图3-64所示。

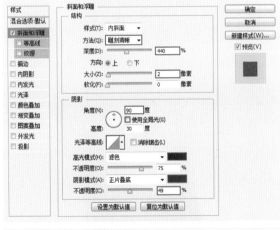

图3-64

13 勾选【内发光】，设置【混合模式】为滤色，【不透明度】为75%，设置发光颜色为R120、G60、B20，【阻塞】为0%，【大小】为5像素，如图3-65所示。

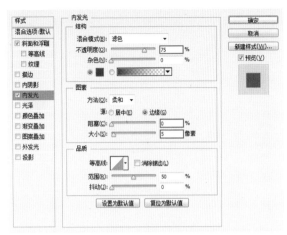

图3-65

14 勾选【渐变叠加】，设置【混合模式】为正常，【不透明度】为100%，然后单击控制面板上的渐变条，在【位置】0%处设置颜色为R100、G50、B15，在【位置】100%处设置颜色为R80、G30、B0，【角度】为90度，如图3-66所示。

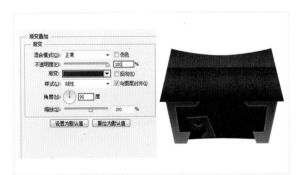

图3-66

15 勾选【投影】，设置【混合模式】为正片叠底，设置阴影颜色为R190、G90、B25，【不透明度】为100%，【角度】为90度，【距离】为2像素，【扩展】为0%，【大小】为0像素，如图3-67所示。

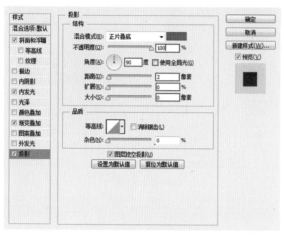

图3-67

16 将制作好的装饰品复制一个，按住Ctrl+T组合键，单击右键，选择【水平翻转】，然后将其调整到图3-68所示的位置。

图3-68

17 用【矩形工具】绘制一个长方形放在底部，然后用【钢笔工具】在矩形中间添加两个锚点，如图3-69所示。

图3-69

18 按住Ctrl+Shift组合键向上移动两个锚点，如图3-70所示。

图3-70

19 在箱子边框图层上单击右键，选择【拷贝图层样式】，然后选中变形后的矩形图层并单击右键，选择【粘贴图层样式】，如图3-71所示。

图3-71

20 绘制宝箱中间的装饰。用【矩形工具】绘制一个矩形，如图3-72所示。

图3-72

21 在绘制的矩形图层上单击右键，选择【混合选项】，勾选【渐变叠加】，设置【混合模式】为正常，【不透明度】为100%，然后单击控制面板上的渐变条，在【位置】0%处设置颜色为R255、G205、B80，在【位置】67%

处设置颜色为R245、G155、B30，在【位置】67%处设置颜色为R255、G228、B158，在【位置】79%处设置颜色为R255、G2183、B41，在【位置】100%处设置颜色为R246、G139、B37，【角度】为90度，如图3-73所示。

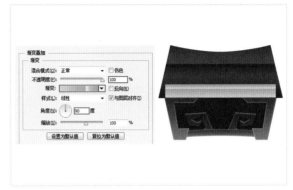

图3-73

22 勾选【投影】，设置【混合模式】为正片叠底，设置阴影色为R0、G0、B0，【不透明度】为75%，【角度】为90度，【距离】为4像素，【扩展】为0%，【大小】为4像素，如图3-74所示。

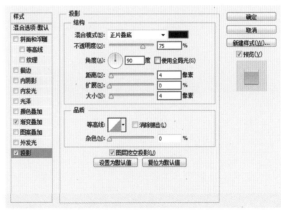

图3-74

23 绘制中间部分两端的装饰。用【矩形工具】绘制一个正方形，然后按Ctrl+T组合键，单击右键，选择【透视】，接着拉动上面的两个锚点进行调整，如图3-75所示。

图3-75

24 在绘制的正方形图层上单击右键，选择【混合选项】，勾选【斜面和浮雕】，然后设置【方法】为雕刻清晰，【深度】为385%，【大小】为5像素，【角度】为90度，【高光模式】为滤色，设置高亮颜色为R255、G255、B255，【阴影模式】为正片叠底，设置阴影颜色为R235、G100、B10，如图3-76所示。

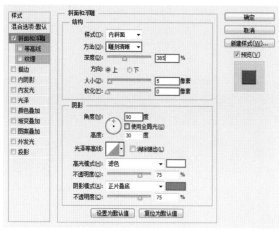

图3-76

25 勾选【渐变叠加】，设置【混合模式】为正常，【不透明度】为100%，然后单击控制面板上的渐变条，在【位置】0%处设置颜色为R250、G190、B60，在【位置】100%处设置颜色为R255、G180、B45，【角度】为90度，如图3-77所示。

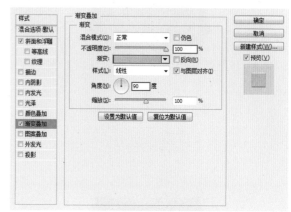

图3-77

26 勾选【投影】，设置【角度】为90度，不勾选【使用全局光】，【距离】为4像素，【扩展】为0%，【大小】为6像素，如图3-78所示。

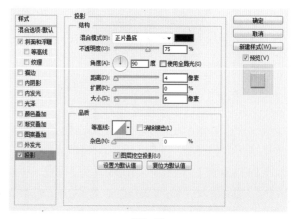

图3-78

图3-78（续）

27 将绘制好的小装饰复制一个，然后将其调整到右侧，如图3-79所示。

图3-79

28 接下来制作箱盖锁的部分。按快捷键U激活【多边形工具】，然后在属性栏中设置【边】为6，接着按住Shift键拖曳鼠标绘制六边形，最后为六边形填充颜色为R230、G170、B50，如图3-80所示。

图3-80

29 在绘制的六边形图层上单击右键，选择【混合选项】，勾选【斜面和浮雕】，然后设置【样式】为内斜

面，【方法】为雕刻清晰，【深度】为385%，【大小】为5像素，软化为0像素，【角度】为90度，【高光模式】为滤色，设置高亮颜色为R255、G255、B255，【不透明度】为75%，【阴影模式】为正片叠底，设置阴影颜色为R240、G100、B10，【不透明度】为75%，如图3-81所示。

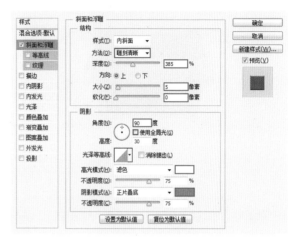

图3-81

30 勾选【投影】，设置【不透明度】为75%，【角度】为90度，【距离】为4像素，【扩展】为0%，【大小】为6像素，如图3-82所示

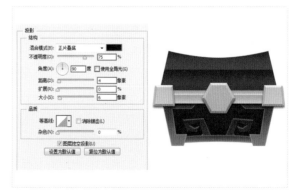

图3-82

31 复制一个六边形，然后在该图层上单击右键，选择【清除图层样式】，接着按Ctrl+T组合键，并在属性栏中设置比例为70%，如图3-83所示。

图3-83

32 给缩小后的六边形添加图层样式。在该图层上单击右键，选择【混合选项】，勾选【描边】，设置【大小】为4像素，【位置】为内部，【填充类型】为渐变，然后单击控制面板上的渐变条，在【位置】0%处设置颜色为R230、G135、B20，在【位置】100%处设置颜色为R115、G50、B20，【角度】为90度，如图3-84所示。

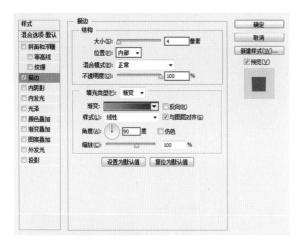

图3-84

图3-84（续）

33 勾选【内阴影】，设置【角度】为90度，不勾选【使用全局光】，【距离】为0像素，【阻塞】为0%，【大小】为15像素，如图3-85所示。

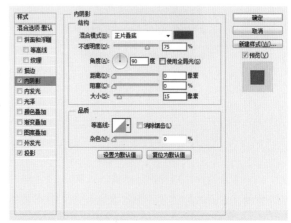

图3-85

34 勾选【渐变叠加】，单击控制面板上的渐变条，在【位置】0%处设置颜色为R255、G220、B100，在【位置】100%处设置颜色为R200、G120、B0，【角度】为90度，如图3-86所示。

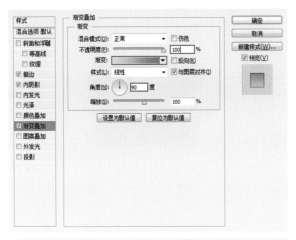

图3-88

37 在绘制好的形状图层上单击右键，选择【混合选项】，勾选【内阴影】，然后设置【角度】为90度，【距离】为10像素，【阻塞】为0%，【大小】为20像素，如图3-89所示。

图3-86

35 绘制钥匙孔。按住Shift键，用【椭圆工具】绘制一个小的圆形，并为其填充颜色为R50、G20、B5，如图3-87所示。

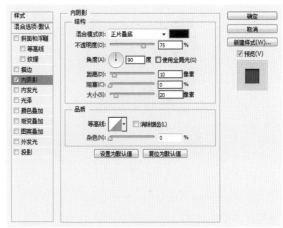

图3-87

36 在圆形下方用【矩形工具】绘制一个矩形，然后按Ctrl+T组合键，单击右键，选择【透视】，把矩形的上方缩小，如图3-88所示。

图3-89

38 勾选【投影】，设置【混合模式】为正常，设置阴影颜色为R255、G245、B220，【角度】为90度，【距离】为2像素，【扩展】为0%，【大小】为0像素，如图3-90所示。

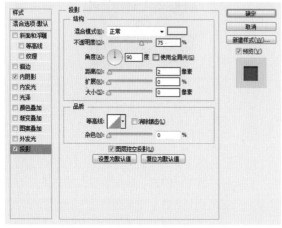

图3-91（续）

40 在箱子左侧再绘制一个矩形，然后用【钢笔工具】在矩形上添加两个锚点，接着拖曳锚点调整矩形的形状，如图3-92所示。

图3-90

39 用【矩形工具】绘制一个竖向的矩形，并将其与宝箱整体水平居中对齐，然后选择矩形，按Ctrl+T组合键，单击右键，选择【透视】，将矩形上方缩小，如图3-91所示。

图3-92

41 将调整好的形状复制一个，然后按Ctrl+T组合键，单击右键，选择【水平翻转】，接着将其移动到箱子的右侧，最后将3个图层合并，如图3-93所示。

图3-91

图3-93

42 在合并的图层上单击右键，选择【混合选项】，勾选【斜面和浮雕】，然后设置【方法】为雕刻清晰，【深度】为385%，【大小】为5像素，【角度】为90度，【高光模式】为滤色，设置高亮颜色为R255、G215、B70，【不透明度】为75%，【阴影模式】为正片叠底，设置阴影颜色为R230、G100、B10，如图3-94所示。

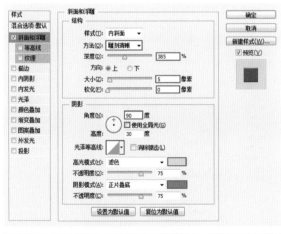

图3-94

43 勾选【渐变叠加】，单击控制面板上的渐变条，在【位置】0%处设置颜色为R255、G42、B0，在【位置】38%处设置颜色为R255、G200、B68，在【位置】60%处设置颜色为R255、G180、B0，在原有【位置】60%处设置颜色为R255、G228、B170，在【位置】82%处设置颜色为R255、G203、B80，在【位置】100%处设置颜色为R255、G255、B255，如图3-95所示。

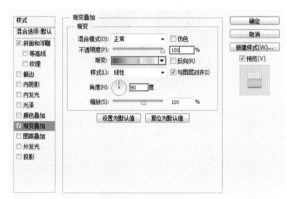

图3-95

44 勾选【投影】，设置【角度】为90度，【距离】为4像素，【扩展】为0%，【大小】为6像素，如图3-96所示。

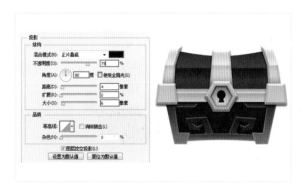

图3-96

45 接下来为箱子上端左右两侧绘制过渡的效果。用【钢笔工具】绘制两个图层，放在黄框下面即可，如图3-97所示。

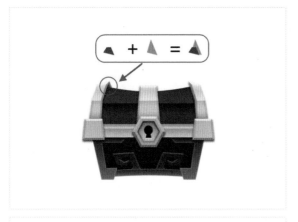

图3-97

46 根据黄色金属框的制作方法，再制作两条修饰的金属框。要注意渐变的位置，需要根据转折点进行调整，如图3-98所示。

图3-98

47 制作宝石效果。用【多边形工具】绘制一个六边形，并为其填充颜色为R255、G240、B75，如图3-99所示。

图3-99

48 在六边形图层上单击右键，选择【混合选项】，勾选【斜面和浮雕】，然后设置【方法】为雕刻清晰，【深度】为385%，【大小】为29像素，【角度】为120度，勾选【使用全局光】，【高光模式】为滤色，设置高亮颜色为R255、G255、B255，【不透明度】为75%，【阴影模式】为正片叠底，设置阴影颜色为R236、G110、B8，如图3-100所示。

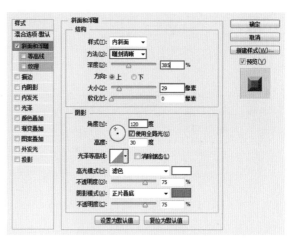

图3-100

49 勾选【投影】，设置【混合模式】为正常，设置阴影色为R115、G30、B15，【角度】为90度，【距离】为1像素，如图3-101所示。

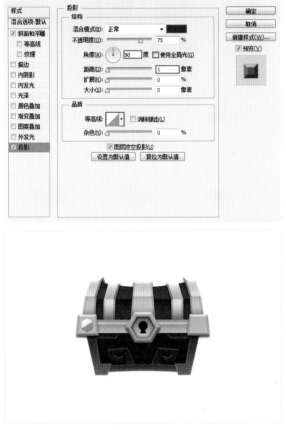

图3-101

50 复制一个六边形，然后在该图层上单击右键，选择【清除图层样式】，接着按Ctrl+T组合键，在属性栏中将比例设置为80%，如图3-102所示。

图3-102

51 在缩小后的六边形图层上单击右键，选择【混合选项】，勾选【斜面和浮雕】，然后设置【方法】为雕刻清晰，【深度】为385%，【大小】为29像素，【角度】为120度，勾选【使用全局光】，【高光模式】为滤色，设置高亮颜色为R255、G255、B255，【不透明度】为75%，【阴影模式】为正片叠底，设置阴影颜色为R255、G192、B0，【不透明度】为81%，如图3-103所示。

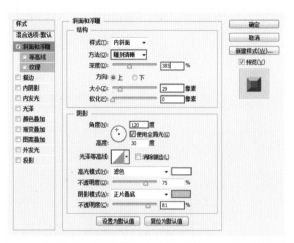

图3-103

52 勾选【描边】，设置【大小】为3像素，【位置】为内部，【不透明度】为100%，【填充类型】为颜色，色值为R175、G0、B130，如图3-104所示。

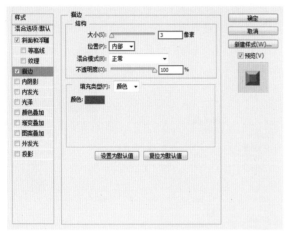

图3-105（续）

54 宝石制作完成后选择该图层，单击右键，选择【转化为智能对象】，然后复制3个，摆放在宝箱上，注意近大远小的透视关系。最终效果如图3-106所示。

图3-104

53 勾选【颜色叠加】，设置叠加颜色为R222、G0、B255，如图3-105所示。

图3-106

小技能知识点

转化为智能对象的相同图层，不管数量多少，只要编辑其中一个文件并保存，其他相同图层都会跟着改变。如果想复制转化为智能对象的图层，可又不想其他图层跟着改变，可以在转化为智能对象的图层上单击右键，选择【通过拷贝新建智能对象】，这样复制出来的图层就不会在原图层改变后跟着改变。

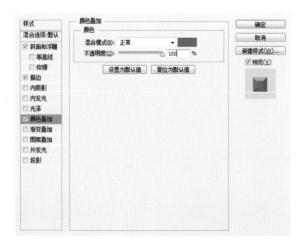

图3-105

3.3.2 系列卡通图标的绘制方法

　　在游戏界面设计中，对于风格的把控尤其重要，而本案例所讲的系列卡通图标绘制更是对风格的统一有严格的要求。希望通过本案例的学习能够更进一步地增强大家对游戏图标绘制方法的掌握，更加熟练地运用软件设计出符合游戏需要的图标。另外，本案例绘制的图标将会在下一节的操作界面中进行具体的运用，希望大家领会。本案例的配色方案如图3-107所示，最终效果如图3-108所示。

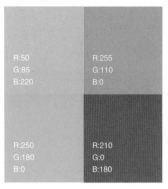

R:50 G:85 B:220

R:255 G:110 B:0

R:250 G:180 B:0

R:210 G:0 B:180

图3-107

图3-108

1.绘制蓝色小怪物图标

　　分析：在绘制前要先构思好图标的基本造型。例如，图标是由几个图形组合而成，每个图形的关系要如何排布等。蓝色小怪物图标大体由4个图层组合而成，如图3-109所示。

01 用【椭圆工具】绘制一个椭圆形，并设置颜色为R95、G215、B250，然后用【直接选择工具】选择圆的锚点进行调整，如图3-110所示。

图3-109

图3-110

02 在绘制的形状图层上单击右键，选择【混合选项】，勾选【斜面和浮雕】，设置【深度】为95%，【大小】为50像素，【软化】为0像素，【角度】为90度，不勾选【使用全局光】，【高光模式】为滤色，设置高亮颜色为R0、G210、B255，【不透明度】为100%，【阴影模式】为正常，设置阴影颜色为R78、G161、B253，【不透明度】为100%，如图3-111所示。

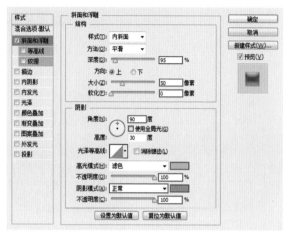

图3-111

03 勾选【内发光】，设置【不透明度】为75%，设置发光颜色为R0、G138、B255，【阻塞】为0%，【大小】为32像素，如图3-112所示。

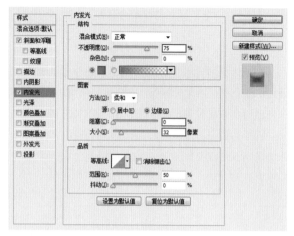

图3-112

04 勾选【渐变叠加】，设置【不透明度】为100%，然后单击控制面板上的渐变条，在【位置】13%处设置颜色为R85、G196、B239，【位置】41%处设置颜色为R0、G168、B255，在【位置】92%处设置颜色为R154、G249、B255，【角度】为90度，如图3-113所示。

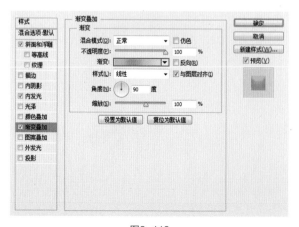

图3-113

图3-113（续）

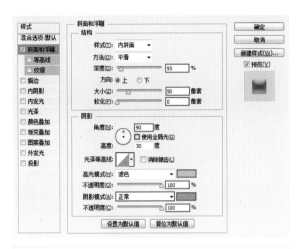

05 将图形复制一个，然后按Ctrl+T组合键，并在属性栏设置比例为80%，接着在该图层上单击右键，选择【清除图层样式】，最后重新设置颜色为R154、G232、B255，如图3-114所示。

图3-115

07 勾选【内发光】，设置【不透明度】为75%，设置发光颜色为R0、G138、B255，【阻塞】为0%，【大小】为40像素，如图3-116所示。

图3-114

06 在缩小后的形状图层上单击右键，选择【混合选项】，勾选【斜面和浮雕】，设置【深度】为95%，【大小】为50像素，【软化】为0像素，【角度】为90度，不勾选【使用全局光】，【高光模式】为滤色，设置高亮颜色为R0、G210、B255，【不透明度】为100%，【阴影模式】为正常，设置阴影颜色为R78、G161、B253，【不透明度】为100%，如图3-115所示。

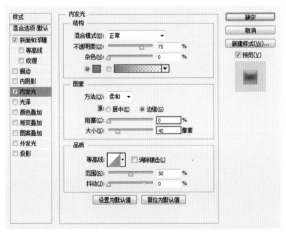

图3-116

图3-116（续）

08 勾选【颜色叠加】，设置叠加颜色为R56、G210、B254，如图3-117所示。

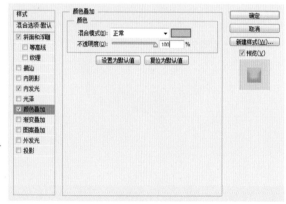

图3-117

09 将第一层的图形复制一个，然后在该图层上单击右键，选择【清除图层样式】，接着对复制的形状进行布尔运算【减去顶层形状】，得到一个月牙形，为其设置填充颜色为R42、G88、B253，如图3-118所示。

图3-118

10 在月牙图层上单击右键，选择【转换为智能对象】，然后执行"滤镜\模糊\高斯模糊"，设置【半径】为5像素，如图3-119所示。

图3-119

11 开始绘制眼睛。按住Shift键，用【椭圆工具】绘制一个圆形，设置颜色为R36、G57、B94，如图3-120所示。

图3-120

12 在绘制的圆形图层上单击右键，选择【混合选项】，勾选【描边】，设置【大小】为10像素，设置描边颜色为R255、G255、B255，如图3-121所示。

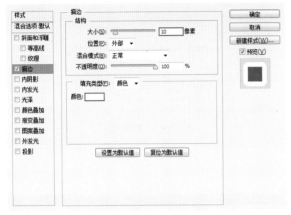

图3-122（续）

14 勾选【渐变叠加】，设置【不透明度】为100%，单击控制面板上的渐变条，在【位置】0%处设置颜色为R0、G221、B247，在【位置】76%处设置颜色为R6、G27、B104，【角度】为111度，如图3-123所示。

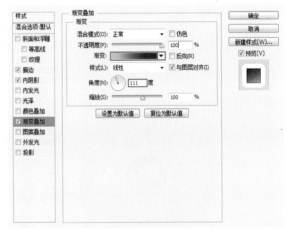

图3-121

13 勾选【内阴影】，设置阴影颜色为R5、G43、B121，【角度】为120度，【距离】为0像素，【阻塞】为100%，【大小】为6像素，如图3-122所示。

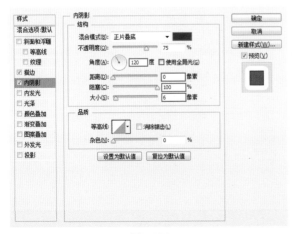

图3-122

图3-123

15 用【椭圆工具】绘制两个椭圆形，设置颜色为R255、G255、B255，作为头部的高光部分，如图3-124所示。

图3-124

16 上部制作完成后，绘制下面的触角。用【钢笔工具】绘制触角，注意不要绘制得太长，要把握整体效果，如图3-125所示。

图3-125

17 在绘制的触角图层上单击右键，选择【混合选项】，勾选【内发光】，然后设置【不透明度】为100%，设置发光颜色为R0、G135、B255，【阻塞】为0%，【大小】为30像素，如图3-126所示。

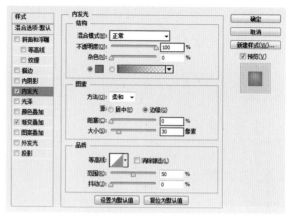

图3-126

18 勾选【渐变叠加】，设置【不透明度】为100%，单击控制面板上的渐变条，在【位置】13%处设置颜色为R85、G196、B239，在【位置】41%处设置颜色为R0、G168、B255，在【位置】92%处设置颜色为R154、G249、B255，【角度】为90度，完成蓝色小怪物图标的绘制，最终效果如图3-127所示。

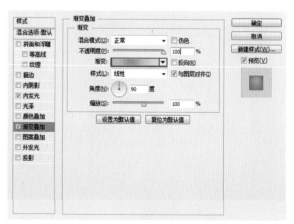

图3-127

图3-127（续）

2.绘制橙色小怪物图标

分析：还是先表述出大体的图层关系，如图3-128所示。

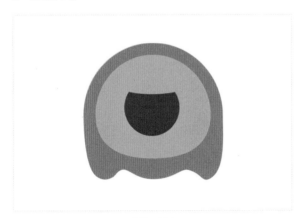

图3-128

01 用【钢笔工具】绘制最底层的形状，并设置颜色为R230、G115、B35，如图3-129所示。

图3-129

02 在绘制好的底层形状图层上单击右键，选择【混合选项】，勾选【斜面和浮雕】，然后设置【深度】为95%，【大小】为50像素，【软化】为0像素，【角度】为90度，不勾选【使用全局光】，【高光模式】为滤色，设置高亮颜色为R255、G186、B0，【不透明度】为100%，【阴影模式】为正常，设置阴影颜色为R255、G96、B33，【不透明度】为100%，如图3-130所示。

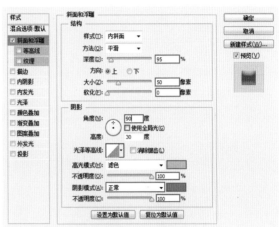

图3-130

03 勾选【内发光】，设置【不透明度】为75%，设置发光颜色为R255、G162、B0，【阻塞】为0%，【大小】为32像素，如图3-131所示。

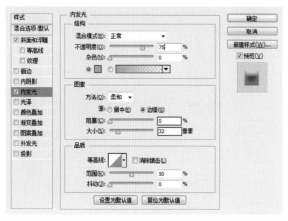

图3-132（续）

05 用【椭圆工具】绘制一个椭圆，并设置颜色为R255、G172、B53，然后用【直接选择工具】选择圆的锚点并进行调整，如图3-133所示。

图3-131

04 勾选【渐变叠加】，设置【不透明度】为100%，单击控制面板上的渐变条，在【位置】0%处设置颜色为R239、G183、B85，在【位置】27%处设置颜色为R255、G108、B0，在【位置】92%处设置颜色为R255、G192、B0，【角度】为90度，如图3-132所示。

图3-133

06 在调整后的形状图层上单击右键，选择【混合选项】，勾选【斜面和浮雕】，然后设置【深度】为95%，【大小】为142像素，【软化】为1像素，【角度】为90度，不勾选【使用全局光】，【高光模式】为滤色，设置高亮颜色为R255、G174、B0，【不透明度】为100%，【阴影模式】为正常，设置阴影颜色为R253、G189、B78，【不透明度】为100%，如图3-134所示。

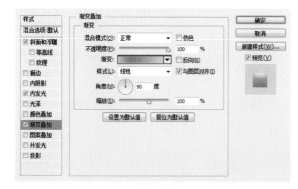

图3-132

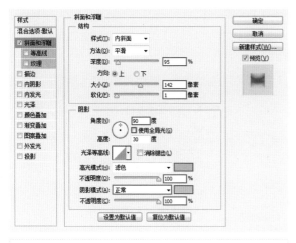

图3-135（续）

08 勾选【颜色叠加】，设置叠加颜色为R254、G137、B12，如图3-136所示。

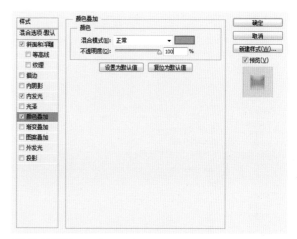

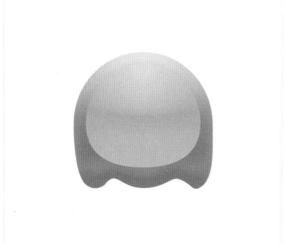

图3-134

07 勾选【内发光】，设置【不透明度】为75%，设置发光颜色为R255、G84、B0，【阻塞】为0%，【大小】为40像素，如图3-135所示。

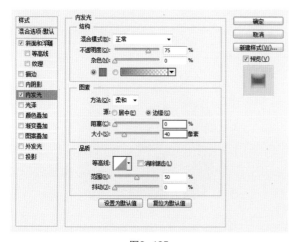

图3-135

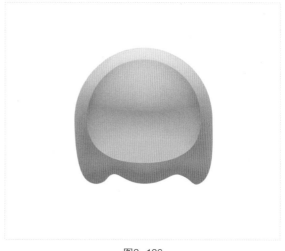

图3-136

09 按住Shift键，用【椭圆工具】绘制一个圆形作为橙色小怪物的眼睛，然后绘制一个椭圆形，接着用布尔运算【减去顶层形状】，把正圆形上方剪掉，如图3-137所示。

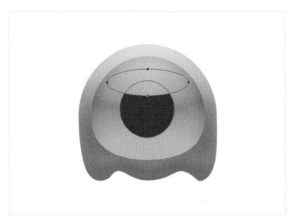

图3-137

10 在眼睛形状图层上单击右键，选择【混合选项】，勾选【描边】，设置【大小】为10像素，【位置】为内部，设置描边颜色为R255、G255、B255，如图3-138所示。

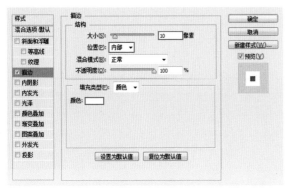

图3-138

11 勾选【渐变叠加】，设置【不透明度】为100%，单击控制面板上的渐变条，在【位置】0%处设置颜色为R247、G122、B0，在【位置】100%处设置颜色为R141、G49、B21，【样式】为径向，【角度】为90度，如图3-139所示。

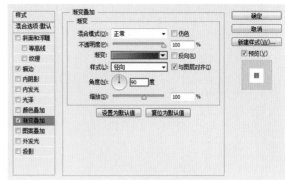

图3-139

12 按住Shift键，用【椭圆工具】绘制一个比眼睛小的圆形，设置颜色为R255、G120、B0，然后给这个圆形添加图层蒙版，接着由上至下以45度角拉一个黑白渐变，如图3-140所示。

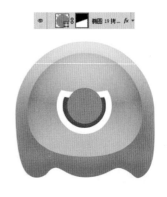

图3-140

图3-140（续）

13 用【椭圆工具】绘制两个椭圆形，设置颜色为R255、G255、B255，作为头部的高光部分，完成橙色小怪物的绘制，如图3-141所示。

图3-141

3.绘制绿色小怪物图标

分析：用简单的图形把大体的样式制作出来，如图3-142所示。

图3-142

01 用【圆角矩形工具】绘制底图，设置颜色为R145、G215、B5，然后用【直接选择工具】选择锚点并进行变形，如图3-143所示。

图3-143

02 在底层形状图层上单击右键，选择【混合选项】，勾选【斜面和浮雕】，然后设置【深度】为95%，【大小】为50像素，【软化】为0像素，【角度】为90度，不勾选【使用全局光】，【高光模式】为滤色，设置高亮颜色为R192、G255、B0，【不透明度】为100%，【阴影模式】为正常，设置阴影颜色为R30、G183、B45，【不透明度】为100%，如图3-144所示。

图3-144

03 勾选【内发光】，设置【不透明度】为75%，设置发光颜色为R126、G255、B0，【阻塞】为0%，【大小】为32像素，如图3-145所示。

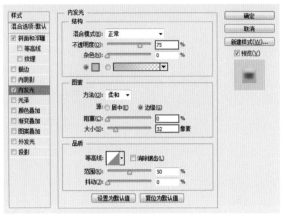

图3-146（续）

05 将第2层的形状复制一个，然后在该图层上单击右键，选择【清除图层样式】，接着按Ctrl+T组合键将形状压扁，如图3-147所示。

图3-145

04 勾选【渐变叠加】，设置【不透明度】为100%，单击控制面板上的渐变条，在【位置】13%处设置颜色为R30、G228、B58，在【位置】41%处设置颜色为R36、G255、B0，在【位置】91%处设置颜色为R223、G255、B154，【角度】为90度，如图3-146所示。

图3-147

06 在新的形状图层上单击右键，选择【混合选项】，勾选【斜面和浮雕】，然后设置【深度】为95%，【大小】为50像素，【软化】为0像素，【角度】为90度，不勾选【使用全局光】，【高光模式】为滤色，设置高亮颜色为R202、G255、B43，【不透明度】为100%，【阴影模式】为正常，设置阴影颜色为R168、G255、B46，【不透明度】为100%，如图3-148所示。

图3-146

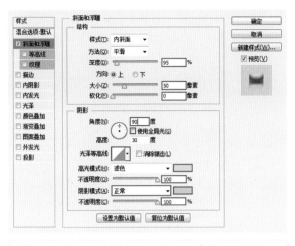

图3-149（续）

08 勾选【颜色叠加】，设置叠加颜色为R144、G214、B8，如图3-150所示。

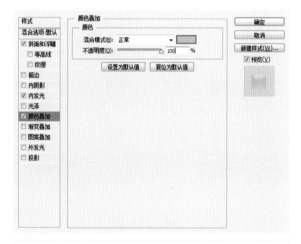

图3-148

07 勾选【内发光】，设置【不透明度】为75%，设置发光颜色为R123、G253、B21，【阻塞】为0%，【大小】为40像素，如图3-149所示。

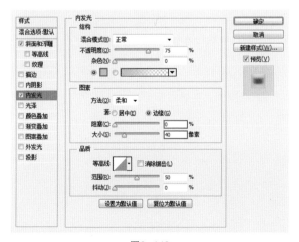

图3-149

图3-150

09 绘制小怪物的眼睛。按住Shift键，用【椭圆工具】绘制一个圆形，设置颜色为R10、G125、B35，如图3-151所示。

图3-151

10 在圆形图层上单击右键，选择【混合选项】，勾选【描边】，设置【大小】为17像素，【位置】为内部，设置描边颜色为R255、G255、B255，如图3-152所示。

图3-152

11 勾选【渐变叠加】，设置【不透明度】为100%，然后单击控制面板上的渐变条，在【位置】0%处设置颜色为R157、G247、B0，在【位置】80%处设置颜色为R5、G101、B23，【样式】为径向，【角度】为90度，如图3-153所示。

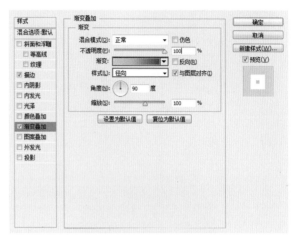

图3-153

12 按住Shift键，用【椭圆工具】绘制一个比眼睛小的圆形，设置颜色为R36、G255、B0，然后给这个圆形添加图层蒙版，接着由上至下以45度角拉一个黑白渐变，如图3-154所示。

图3-154

13 用【椭圆工具】绘制两个椭圆，设置颜色为R255、G255、B255，作为头部的高光部分，如图3-155所示。

图3-155

14 用【钢笔工具】绘制小怪物的牙齿，如图3-156所示。

图3-156

15 在牙齿形状图层上单击右键，选择【混合选项】，勾选【投影】，然后设置阴影颜色为R0、G0、B0，【不透明度】为32%，【角度】为-90度，不勾选【使用全局光】，【距离】为5像素，【扩展】为0%，【大小】为7像素，完成绿色小怪物的绘制，最终效果如图3-157所示。

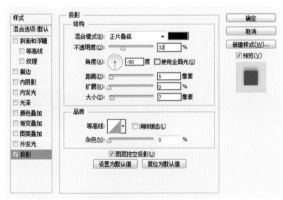

图3-157

4.绘制紫色小怪物图标

分析：先绘制大体图形和图层关系，如图3-158所示。

图3-158

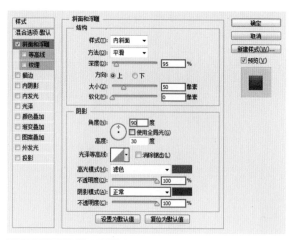

01 制作底图。激活【多边形工具】，然后在属性栏中设置【边】为3，并勾选【平滑拐角】，然后在三角形的上面运用布尔运算，添加矩形和圆环，如图3-159所示。

图3-159

02 在底图图层上单击右键，选择【混合选项】，勾选【斜面和浮雕】，然后设置【深度】为95%，【大小】为50像素，【软化】为0像素，【角度】为90度，不勾选【使用全局光】，【高光模式】为滤色，设置高亮颜色为R204、G0、B255，【不透明度】为100%，【阴影模式】为正常，设置阴影颜色为R87、G15、B185，【不透明度】为100%，如图3-160所示。

图3-160

03 勾选【内发光】，设置【不透明度】为75%，设置发光颜色为R138、G0、B255，【阻塞】为0%，【大小】为32像素，如图3-161所示。

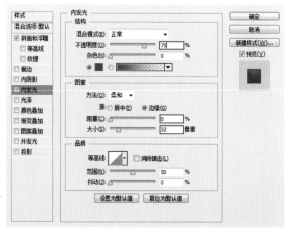

图3-161

图3-161（续）

04 勾选【渐变叠加】，设置【不透明度】为100%，单击控制面板上的渐变条，在【位置】0%处设置颜色为R212、G85、B239，在【位置】27%处设置颜色为R144、G0、B255，在【位置】92%处设置颜色为R255、G0、B192，【样式】为线性，【角度】为90度，如图3-162所示。

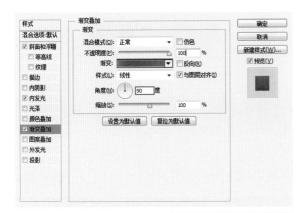

图3-162

05 复制一个底层的图形，然后按Ctrl+T组合键，在属性栏设置比例为80%，接着用【直接选择工具】微调锚点位置，最后在该图层上单击右键，选择【清除图层样式】，并设置颜色为R250、G95、B210，如图3-163所示。

图3-163

06 在第2层形状图层上单击右键，选择【混合选项】，勾选【斜面和浮雕】，然后设置【深度】为95%，【大小】为142像素，【软化】为0像素，【角度】为90度，不勾选【使用全局光】，【高光模式】为滤色，设置高亮颜色为R99、G20、B193，【不透明度】为100%，【阴影模式】为正常，设置阴影颜色为R230、G78、B253，【不透明度】为100%，如图3-164所示。

图3-164

07 勾选【内发光】，设置【不透明度】为75%，设置发光颜色为R255、G0、B138，【阻塞】为0%，【大小】为40像素，如图3-165所示。

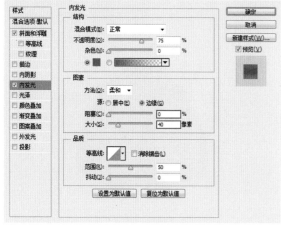

图3-166（续）

09 按住Shift键，用【椭圆工具】绘制气泡，然后设置图层【填充】为0%，如图3-167所示。

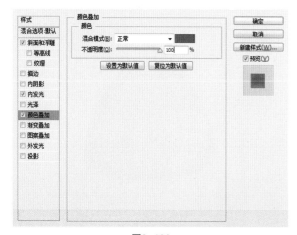

图3-165

08 勾选【颜色叠加】，设置叠加颜色为R151、G0、B253，如图3-166所示。

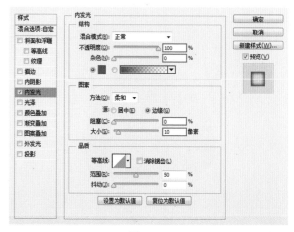

图3-167

10 在气泡图层上单击右键，选择【混合选项】，勾选【内发光】，设置【混合模式】为正常，【不透明度】为100%，设置发光颜色为R118、G3、B215，【阻塞】为0%，【大小】为10像素，如图3-168所示。

图3-166

图3-168

图3-168（续）

11 按住Shift键，用【椭圆工具】绘制一个圆形，然后复制该路径并上移，接着按Ctrl+T组合键压扁复制的形状，最后运用布尔运算【减去顶层形状】，如图3-169所示。

图3-169

12 在该形状图层上单击右键，选择【混合选择】，勾选【描边】，设置【大小】为15像素，【位置】为内部，设置颜色为R255、G255、B255，如图3-170所示。

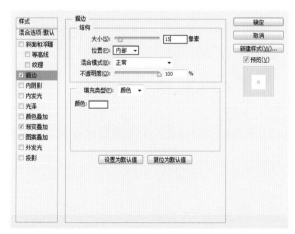

图3-170

图3-170（续）

13 勾选【渐变叠加】，设置【不透明度】为100%，单击控制面板上的渐变条，在【位置】0%处设置颜色为R0、G246、B255，在【位置】90%处设置颜色为R97、G17、B194，【样式】为径向，【角度】为90度，如图3-171所示。

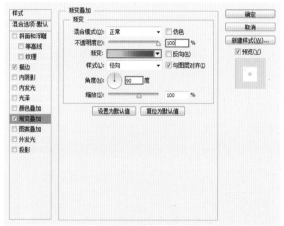

图3-171

14 按住Shift键，用【椭圆工具】绘制一个比眼睛小的圆形，设置颜色为R204、G0、B255，然后给这个圆形添加图层蒙版，接着由上至下以45度角拉一个黑白渐变，如图3-172所示。

15 用【椭圆工具】绘制两个椭圆形，设置颜色为R255、G255、B255，作为头部的高光部分，如图3-173所示。

图3-172   图3-173

3.4 游戏操作界面的绘制方法

　　游戏的操作界面是用户体验游戏的关键，它关系到游戏操作的舒适度与合理性。在设计界面时，我们要注意按钮摆放位置是否与游戏本身相冲突，美术设计上是否与游戏达到统一。每一款游戏都会有自己的操作习惯，我们要根据游戏类型的不同，思考界面区域的合理布局，如图3-174所示。

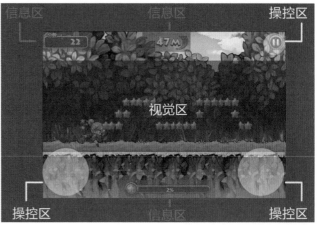

图3-174

绘制游戏主界面，可以多尝试一些布局样式，以便达到最满意的效果，下面以三消游戏做练习与讲解。首先了解三消类型游戏的基本布局，根据这个布局去构思各种元素，如图3-175所示。

素材：练习3-4

通过对三消游戏的练习，了解游戏的合理布局，掌握游戏整体布局的构建思路。本案例的配色方案如图3-176所示，最终效果如图3-177所示。

R:0 G:30 B:150　　R:115 G:20 B:190　　R:255 G:200 B:50

图3-176

图3-175

图3-177

接下来，分区域介绍整个操作界面的绘制方法。

3.4.1 制作背景

本案例是一款以"外星人"题材为主的三消类游戏，主要的元素有星空、飞船、外星生物等。我们可以基于以上几点绘制游戏的背景界面。要注意的是，背景的元素不易繁多，否则会影响操作区域的视觉感受。

01 执行"文件\新建"，设置【宽度】为1080像素，【高度】为1920像素，【分辨率】为72，【颜色模式】为RGB，如图3-178所示。

图3-178

02 在新建的图层上单击右键，选择【混合选项】，勾选【内阴影】，然后设置阴影颜色为R5、G40、B170，【角度】为90度，不勾选【使用全局光】，【距离】为0像素，【阻塞】为10%，【大小】为250像素，如图3-179所示。

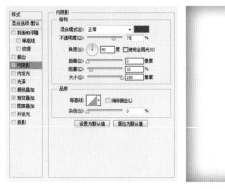

图3-179

03 勾选【渐变叠加】，设置【不透明度】为100%，然后单击控制面板上的渐变条，在【位置】0%处设置颜色为R125、G105、B210，在【位置】45%处设置颜色

为R0、G95、B190，在【位置】100%处设置颜色为R0、G15、B85，【角度】为90度，如图3-180所示。

图3-180

04 背景的主色调确定后，可以添加一些简单的配饰，如云朵、飞船和星星等。需要注意的是，添加的素材不要太过抢眼，饱和度不要太高。在这里添加一些简单的云作为修饰。按住Shift键，用【椭圆工具】绘制一个圆形，如图3-181所示。

图3-181

05 在圆形图层上单击右键，选择【混合选择】，勾选【内发光】，设置【混合模式】为正常，设置发光颜色为R110、G235、B255，【阻塞】为0%，【大小】为130像素，如图3-182所示。

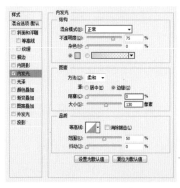

图3-182

06 勾选【投影】，设置阴影颜色为R0、G10、B160，【角度】为90度，不勾选【使用全局光】，【距离】为5像素，【扩展】为0%，【大小】为65像素，如图3-183所示。

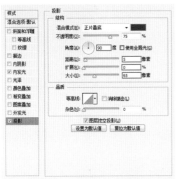

图3-183

07 制作完成后，复制几个云层形状并合并，然后在图层上单击右键，选择【转化为智能图层】，接着执行"滤镜\模糊\高斯模糊"，接着将模糊后的云层移动到下面的角上，并调整透明度，如图3-184所示。

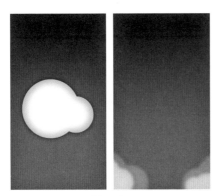

图3-184

3.4.2 制作上栏背景

游戏上栏主要是展示一些游戏信息与任务提示功能的区域。

01 先绘制一个高度为168像素的上栏背景框，然后在该图层上单击右键，选择【混合选项】，勾选【渐变叠加】，接着设置【不透明度】为100%，单击控制面板上的渐变条，在【位置】0%处设置颜色为R15、G35、B115，在【位置】15%处设置颜色为R35、G15、B170，在【位置】100%处设置颜色为R140、G20、B195，【角度】为90度，如图3-185所示。

图3-185

02 勾选【投影】，设置【混合模式】为正常，设置阴影颜色为R0、G255、B235，【不透明度】为100%，【角度】为90度，不勾选【使用全局光】，【距离】为3像素，【扩展】为100%，【大小】为0像素，如图3-186所示。

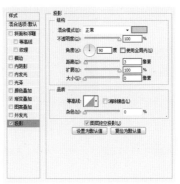

图3-186

3.4.3 制作进度条

01 制作完上栏背景后，在背景下方绘制一个高为100像素的长方形，作为进度条的背景，设置颜色为R5、G165、B255，如图3-187所示。

图3-187

02 在该图层上单击右键，选择【混合选择】，勾选【内阴影】，设置阴影颜色为R0、G215、B255，【不透明度】为30%，【角度】为-90度，不勾选【使用全局光】，【距离】为8像素，【阻塞】为0%，【大小】为7像素，如图3-188所示。

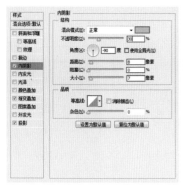

图3-188

03 勾选【渐变叠加】，单击控制面板上的渐变条，在【位置】0%处设置颜色为R55、G120、B210，在【位置】100%处设置颜色为R35、G100、B235，【角度】为90度，如图3-189所示。

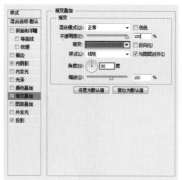

图3-189

04 勾选【投影】，设置阴影颜色为R5、G15、B95，【角度】为90度，不勾选【使用全局光】，【距离】为17像素，【扩展】为0%，【大小】为18像素，如图3-190所示。

图3-190

05 在进度条左侧用【矩形工具】绘制一个矩形条，然后按住Shift键，用【椭圆工具】绘制3个椭圆，接着在该图层上单击右键，选择【混合选择】，勾选【投影】，然后设置阴影颜色为R100、G170、B245，【角度】为-180度，【距离】为1像素，如图3-191所示。

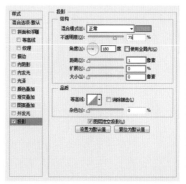

图3-191

06 按住Shift键，用【椭圆工具】绘制一个圆形，再用【矩形工具】绘制一个细长方形，然后用布尔运算【减去顶层形状】，用圆形减去细长方形，就能得到螺母的形状了。接着在该图层上单击右键，选择【混合选项】，勾选【渐变叠加】，单击控制面板上的渐变条，在【位置】0%处设置颜色为R65、G75、B175，在【位置】100%处设置颜色为R110、G235、B255，最后选中修饰图与螺母图层，单击右键，选择【转化为智能对象】，并复制一个放在进度条右侧，如图3-192所示。

图3-192

07 用【圆角矩形工具】绘制一个进度条凹槽，如图3-193所示。

图3-193

08 在圆角矩形图层上单击右键，选择【混合选择】，勾选【描边】，设置【大小】为5像素，【填充类型】为渐变，然后单击控制面板上的渐变条，在【位置】0%处设置颜色为R0、G205、B255，在【位置】100%处设置颜色为R5、G55、B120，角度为90度，如图3-194所示。

图3-194

09 复制出一个圆角矩形并缩短，然后在该图层上单击右键，选择【清除图层样式】，接着重新添加图层样式，在该图层上单击右键，选择【混合选项】，勾选【斜面和浮雕】，设置【深度】为85%，【大小】为40像素，【软化】为5像素，【角度】为90度，不勾选【使用全局光】，【高光模式】为滤色，设置高亮颜色为R150、G0、B255，不透明度为100%，【阴影模式】为正片叠底，设置阴影颜色为R180、G20、B220，不透明度为65%，如图3-195所示。

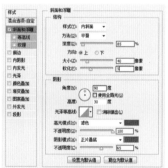

图3-195

10 勾选【内发光】，设置发光颜色为R0、G235、B255，【阻塞】为0%。【大小】为43像素，如图3-196所示。

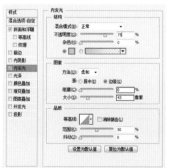

图3-196

11 勾选【渐变叠加】，设置【不透明度】为100%，然后单击控制面板上的渐变条，在【位置】0%处设置颜色为R10、G210、B255，在【位置】70%处设置颜色为R145、G30、B230，在【位置】100%处设置颜色为R255、G0、B205，【角度】为0度，如图3-197所示。

图3-197

3.4.4 制作小星星

01 按快捷键U，激活【多边形工具】，然后在属性栏设置【边】为5，接着单击齿轮图标，勾选【平滑拐角】，勾选【星形】，绘制出五角星，最后设置颜色为R235、G200、B0，如图3-198所示。

图3-198

02 在绘制的五角星图层上单击右键，选择【混合选项】，勾选【斜面和浮雕】，设置【深度】为65%，【大小】为13像素，【高光模式】为滤色，设置高亮颜色为R250、G212、B0，不透明度为75%，【阴影模式】为正片叠底，设置阴影颜色为R255、G204、B0，不透明度为75%，如图3-199所示。

图3-199

03 勾选【内发光】，设置发光颜色为R255、G233、B155，【阻塞】为0%。【大小】为13像素，如图3-200所示。

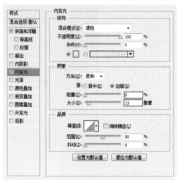

图3-200

04 勾选【渐变叠加】，设置【不透明度】为100%，单击控制面板上的渐变条，在【位置】0%处设置颜色为R253、G135、B9，在【位置】100%处设置颜色为R255、G192、B0，【角度】为90度，如图3-201所示。

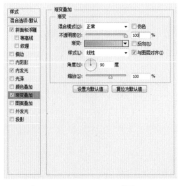

图3-201

05 勾选【投影】，设置色值为R45、G45、B45，【角度】为90度，不勾选【使用全局光】，【距离】为4像素，【扩展】为0%，【大小】为6像素，如图3-202所示。

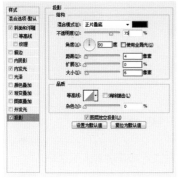

图3-202

06 制作完成后，复制一个五角星，然后按Ctrl+T组合键，并在属性栏设置比例为80%，接着在复制的五角星图层上单击右键，选择【清除图层样式】，如图3-203所示。

图3-203

07 在新的五角星图层上单击右键，选择【混合选项】，勾选【斜面和浮雕】，然后设置【样式】为浮雕效果，【深度】为365%，【大小】为10像素，【高光模式】为滤色，设置高亮颜色为R250、G212、B0，不透明度为75%，【阴影模式】为正片叠底，设置阴影颜色为R255、G204、B0，不透明度为75%，如图3-204所示。

图3-204

08 勾选【渐变叠加】，设置【不透明度】为100%，单击控制面板上的渐变条，在【位置】0%处设置颜色为R250、G210、B0，在【位置】20%处设置颜色为R255、G250、B168，在【位置】60%处设置颜色为R255、G210、B0，在【位置】100%处设置颜色为R255、G97、B0，【角度】为90度，如图3-205所示。

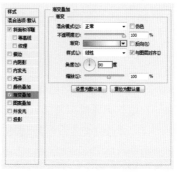

图3-205

09 勾选【投影】，设置阴影颜色为R145、G75、B10，【不透明度】为90%，【距离】为2像素，【大小】为5像素，如图3-206所示。

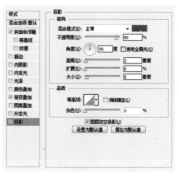

图3-206

10 选中两个五角星图层，然后单击右键，选择【转化为智能对象】，接着将其调整到适合的大小，最后按Ctrl+J组合键复制两个，调整到图3-207所示的位置，完成进度条上面的小星星的绘制。

图3-207

3.4.5 制作暂停按钮

暂停按钮一般不会影响游戏的整体操作，所以放置的位置一般都会在界面的左下角或右上角不会经常触控的区域，体现出功能性与整体性即可。

01 按住Shift键，用【椭圆工具】绘制一个圆形，设置颜色为R97、G112、B169，如图3-208所示。

图3-208

02 在圆形图层上单击右键，选择【混合选项】，勾选【斜面和浮雕】，设置【深度】为315%，【大小】为10像素，【软化】为5像素，【角度】为90度，不勾选【使用全局光】，【高光模式】为滤色，设置高亮颜色为R14、G225、B244，不透明度为75%，【阴影模式】为正片叠底，设置阴影颜色为R22、G72、B216，不透明度为75%，如图3-209所示。

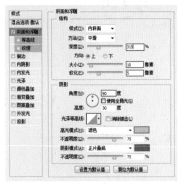

图3-209

03 勾选【渐变叠加】，设置【不透明度】为100%，单击控制面板上的渐变条，在【位置】0%处设置颜色为R24、G93、B238，在【位置】100%处设置颜色为R28、G196、B241，【角度】为90度，如图3-210所示。

图3-210

04 勾选【投影】，设置阴影颜色为R0、G0、B0，【不透明度】为75%，【角度】为90度，不勾选【使用全局光】，【距离】为0像素，【扩展】为34%，【大小】为7像素，如图3-211所示。

图3-211

05 复制出一个圆形，在图层上单击右键，选择【清除图层样式】，然后按Ctrl+T组合键，在属性栏设置比例为70%，如图3-212所示。

图3-212

06 在缩小的圆形图层上单击右键，选择【混合选项】，勾选【描边】，设置【大小】为4像素，然后单击控制面板上的渐变条，在【位置】0%处设置颜色为R34、G220、B247，在【位置】100%处设置颜色为R5、G41、B138，【角度】为90度，如图3-213所示。

图3-213

07 勾选【内阴影】，设置阴影颜色为R25、G10、B114，【角度】为90度，不勾选【使用全局光】，【距离】为7像素，【阻塞】为0%，【大小】为4像素，如图3-214所示。

图3-214

08 勾选【渐变叠加】，设置【不透明度】为100%，单击控制面板上的渐变条，在【位置】0%处设置颜色为R28、G196、B241，在【位置】100%处设置颜色为R24、G93、B238，【角度】为90度，如图3-215所示。

图3-215

09 勾选【外发光】，设置发光颜色为R0、G240、B255，【扩展】为55%，【大小】为9像素，如图3-216所示。

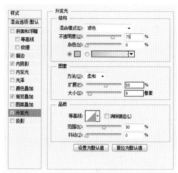

图3-216

10 用【椭圆工具】绘制两个对称的椭圆形，并设置颜色为白色，如图3-217所示。

图3-217

11 在椭圆形图层上单击右键，选择【混合选择】，勾选【斜面和浮雕】，设置【深度】为100%，【大小】为7像素，【软化】为0像素，【角度】为90度，不勾选【使用全局光】，【高光模式】为滤色，设置高亮颜色为R255、G255、B255，不透明度为75%，【阴影模式】为正片叠底，设置阴影颜色为R129、G154、B248，不透明度为75%，如图3-218所示。

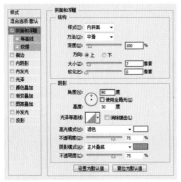

图3-218

12 勾选【内发光】，设置发光颜色为R237、G235、B232，【阻塞】为0%。【大小】为4像素，如图3-219所示。

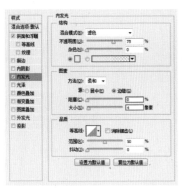

图3-219

13 勾选【渐变叠加】，设置【不透明度】为100%，单击控制面板上的渐变条，在【位置】0%处设置颜色为R187、G154、B178，在【位置】100%处设置颜色为R255、G255、B255，【角度】为90度，如图3-220所示。

图3-220

14 勾选【投影】，设置阴影颜色为R0、G0、B0，【不透明度】为75%，【角度】为90度，不勾选【使用全局光】，【距离】为4像素，【扩展】为0%，【大小】为4像素，如图3-221所示。

图3-221

15 制作完毕后选择所有暂停按钮的图层，然后单击右键，选择【转换为智能对象】，接着将其缩小放置在界面右上角，如图3-222所示。

图3-222

3.4.6 制作得分框

状态栏上必然会有得分信息,不过,一般玩家不会太注意得分信息,所以设计得不必太花哨,把信息内容体现出来即可。

01 用【圆角矩形工具】在上栏绘制一个圆角矩形,设置颜色为R18、G34、B94,如图3-223所示。

图3-223

02 在圆角矩形图层上单击右键,选择【混合选项】,勾选【描边】,设置【大小】为4像素,设置描边颜色为R88、G171、B229,如图3-224所示。

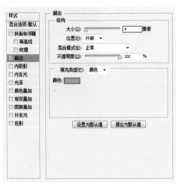

图3-224

03 制作完成后在框内输入文字信息,内容根据游戏展示信息而定,字体颜色和样式根据界面整体风格而定,如图3-225所示。

图3-225

04 复制信息框与字体,垂直向下移动,将文字内容改为得分,如图3-226所示。

图3-226

3.4.7 制作下栏道具

01 接下来制作下栏的道具部分。用【矩形工具】在底部绘制一个长方形,然后在矩形上边的中间位置用【钢笔工具】添加一个锚点,接着选中锚点垂直向上移20像素,如图3-227所示。

图3-227

02 在矩形图层上单击右键,选择【混合选项】,勾选【斜面和浮雕】,设置【深度】为75%,【大小】为43像素,【软化】为11像素,【角度】为90度,不勾选【使用全局光】,【高光模式】为滤色,设置高亮颜色为R0、G246、B237,不透明度为75%,【阴影模式】为正常,设置阴影颜色为R18、G65、B219,不透明度为75%,如图3-228所示。

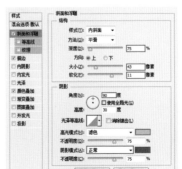

图3-228

03 勾选【描边】，设置【大小】为7像素，设置描边颜色为R0、G210、B255，如图3-229所示。

图3-229

04 勾选【颜色叠加】，设置叠加颜色为R21、G56、B172，如图3-230所示。

图3-230

05 制作下栏道具框。按住Shift键，用【椭圆工具】绘制一个圆形，大小根据道具数量而定，并设置颜色为R0、G63、B249，如图3-231所示。

图3-231

06 在图层属性栏设置【填充】为20%，然后在图层上单击右键，选择【混合选项】，勾选【内阴影】，设置【混合模式】为叠加，设置阴影颜色为R0、G234、B255，【不透明度】为96%，【角度】为-56度，不勾选【使用全局光】，【距离】为11像素，【阻塞】为0%，【大小】为27像素，如图3-232所示。

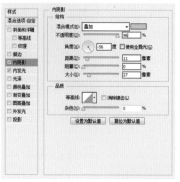

图3-232

07 勾选【内发光】，设置发光颜色为R237、G234、B231，【阻塞】为0%。【大小】为32像素，如图3-233所示。

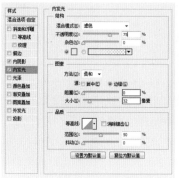

图3-233

08 用【椭圆工具】绘制一个椭圆，设置颜色为R255、G255、B255，然后按Ctrl+T组合键，将椭圆逆时针旋转-30度作为高光，如图3-234所示。

图3-234

09 用【椭圆工具】绘制一个色值为R15、G45、B130的椭圆形，然后在该图层上单击右键，选择【转换为智能对象】，接着对其进行高斯模糊作为底部投影，最后将整个图形复制3个，调整到图3-235所示的位置。

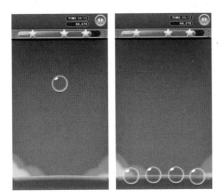

图3-235

10 绘制道具按钮。先制作炸弹道具，用途是炸掉指定操作区域的游戏元素，达到快捷消除的效果。按住Shift键，用【椭圆工具】绘制一个圆形，并设置颜色为R52、G12、B95，如图3-236所示。

图3-236

Tips

　　道具按钮会根据自身的特性产生相对应的游戏效果，在表现手法上还原度要高一些。

11 在圆形图层上单击右键，选择【混合选择】，勾选【内阴影】，设置【混合模式】为强光，设置阴影颜色为R0、G240、B255，【角度】为120度，不勾选【使用全局光】，【距离】为4像素，【阻塞】为0%，【大小】为7像素，如图3-237所示。

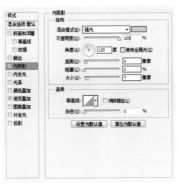

图3-237

12 勾选【渐变叠加】，设置【不透明度】为100%，单击控制面板上的渐变条，在【位置】0%处设置颜色为R148、G13、B113，在【位置】15%处设置颜色为R71、G5、B54，在【位置】100%处设置颜色为R0、G240、B255，【样式】为径向，【角度】为90度，【缩放】为133%，如图3-238所示。

图3-238

小技能知识点

　　不要关闭【图层样式】，在编辑【渐变叠加】的窗口下，拖曳发生渐变效果的球，球体的位置会根据拖曳的方向发生改变。

13 用【椭圆工具】绘制椭圆形，然后选中锚点进行移动，并结合布尔运算绘制出"骷髅头"图形，接着按Ctrl+T组合键，将其旋转-45度，如图3-239所示。

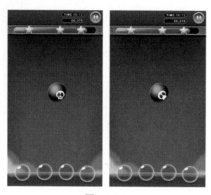

图3-239

14 制作"炸弹导火索"的部分。用【圆角矩形工具】绘制一个【半径】为100像素的圆角矩形，如图3-240所示。

图3-240

15 按Ctrl+T组合键，单击右键，选择【透视】，将圆角矩调整成上宽下窄的效果，如图3-241所示。

图3-241

16 按Ctrl+T组合键，将调整后的圆角矩形逆时针旋转45度，然后将其调整到图3-242所示的位置。

图3-242

17 在圆角矩形图层上单击右键，选择【混合选项】，勾选【渐变叠加】，然后设置【不透明度】为100%，单击控制面板上的渐变条，在【位置】0%处设置颜色为R0、G15、B50，在【位置】65%处设置颜色为R8、G57、B95，在【位置】80%处设置颜色为R0、G246、B255，在【位置】95%处设置颜色为R8、G57、B95，在【位置】100%处设置颜色为R0、G30、B50，【角度】为41度，如图3-243所示。

图3-243

18 勾选【投影】，设置阴影颜色为R0、G0、B0，【不透明度】为75%，【距离】为1像素，【扩展】为0像素，【大小】为3像素，如图3-244所示。

图3-244

19 用【椭圆工具】绘制一个可以覆盖到圆角矩形上端的圆形，设置颜色为R0、G200、B255，然后按Ctrl+T组合键，旋转角度为-45度，如图3-245所示。

图3-245

20 勾选【斜面和浮雕】，设置【深度】为43%，【大小】为18像素，【角度】为90度，不勾选【使用全局光】，【高光模式】为滤色，设置高亮颜色为R10、G195、B225，不透明度为75%，【阴影模式】为正片叠底，设置阴影颜色为R0、G0、B0，不透明度为5%，如图3-246所示。

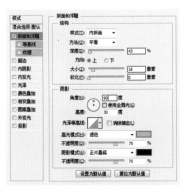

图3-246

21 复制一个椭圆形，在该图层上单击右键，选择【清除图层样式】，然后按Ctrl+T组合键，在属性栏设置比例为60%，接着重新设置颜色为R0、G30、B55，如图3-247所示。

图3-247

22 用【钢笔工具】绘制一个爆炸的图形，然后在该图层上单击右键，选择【混合选项】，勾选【渐变叠加】，设置【不透明度】为100%，接着单击控制面板上的渐变条，在【位置】0%处设置颜色为R255、G120、B0，在【位置】100%处设置颜色为R255、G222、B0，【角度】为90度。制作完成后，把炸弹移动到第一个道具栏里，如图3-248所示。

图3-248

23 剩下的3个道具用"未解锁"来表示。按住Shift键，用【椭圆工具】绘制一个圆形，并设置颜色为R33、G52、B124，如图3-249所示。

图3-249

24 在圆形图层上单击右键，选择【混合选项】，勾选【斜面和浮雕】，然后设置【深度】为313%，【大小】为9像素，【软化】为5像素，【角度】为90度，不勾选【使用全局光】，【高光模式】为滤色，设置高亮颜色为R130、G130、B130，不透明度为75%，【阴影模式】为正片叠底，设置阴影颜色为R136、G136、B136，不透明度为75%，如图3-250所示。

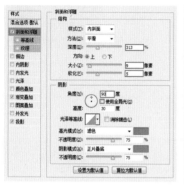

图3-250

25 勾选【渐变叠加】，设置【不透明度】为100%，单击控制面板上的渐变条，在【位置】0%处设置颜色为R181、G181、B181，在【位置】10%处设置颜色为R103、G103、B2103，在【位置】100%处设置颜色为R233、G233、B233，【角度】为90°，如图3-251所示。

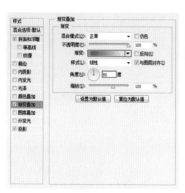

图3-251

26 勾选【投影】，设置阴影颜色为R0、G0、B0，【角度】为90度，不勾选【使用全局光】，【距离】为0像素，【扩展】为15%，【大小】为7像素，如图3-252所示。

图3-252

27 复制出来一个圆形，然后在该图层上单击右键，选择【清除图层样式】，接着按Ctrl+T组合键，在属性栏设置比例为80%，如图3-253所示。

图3-253

28 在缩小后的圆形图层上单击右键，选择【混合选项】，勾选【描边】，然后设置【大小】为4像素，单击控制面板上的渐变条，在【位置】0%处设置颜色为R175、G175、B175，在【位置】100%处设置颜色为R54、G54、B54，【角度】为90度，如图3-254所示。

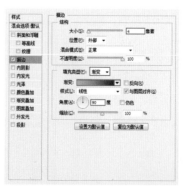

图3-254

29 勾选【内阴影】，设置阴影颜色为R51、G51、B51，【角度】为90度，不勾选【使用全局光】，【距离】为7像素，【阻塞】为0%，【大小】为4像素，如图3-255所示。

图3-255

30 勾选【渐变叠加】，设置【不透明度】为100%，单击控制面板上的渐变条，在【位置】0%处设置颜色为R231、G231、B231，在【位置】100%处设置颜色为R110、G110、B110，【角度】为90度，如图3-256所示。

图3-256

31 勾选【外发光】，设置发光颜色为R255、G255、B255，【扩展】为55%，【大小】为9像素，如图3-257所示。

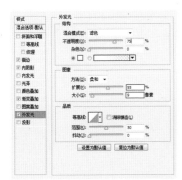

图3-257

32 用【圆角矩形工具】绘制一个竖向的圆角矩形，然后复制这个圆角矩形并粘贴，接着按Ctrl+T组合键，在属性栏设置比例为80%，最后运用布尔运算【减去顶层形状】，得到图形，再将图形移动至锁头下方即可，如图3-258所示。

图3-258

33 在新的形状图层上单击右键，选择【混合选项】，勾选【斜面和浮雕】，然后设置【深度】为251%，【大小】为4像素，【角度】为90度，不勾选【使用全局光】，【高光模式】为滤色，设置高亮颜色为R255、G255、B255，不透明度为75%，【阴影模式】为正片叠底，设置阴影颜色为R0、G0、B0，不透明度为75%，如图3-259所示。

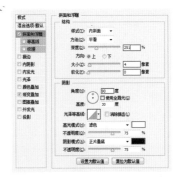

图3-259

34 勾选【渐变叠加】，设置【不透明度】为100%，单击控制面板上的渐变条，在【位置】0%处设置颜色为R0、G0、B0，在【位置】100%处设置颜色为R255、G255、B255，【角度】为90度，如图3-260所示。

图3-260

35 按住Shift键，用【椭圆工具】绘制一个圆形，然后运用布尔运算添加一个矩形，接着编辑锚点，将矩形调整为图3-261所示的形状，制作成钥匙孔的样式。

图3-261

36 在钥匙孔图层上单击右键，选择【混合选项】，勾选【内阴影】，然后设置阴影颜色为R0、G0、B0，【不透明度】为75%，【角度】为120度，不勾选【使用全局光】，【距离】为4像素，【阻塞】为0%，【大小】为18像素，如图3-262所示。

图3-262

37 勾选【投影】，设置投影颜色为R255、G255、B255，【角度】为90度，【距离】为1像素，【扩展】为0%，【大小】为0像素，如图3-263所示。

图3-263

38 设计完成后，选中所有锁的图层，然后在图层上单击右键，选择【转化为智能对象】，接着将其缩小，最后再复制两个，一起放在下面的道具栏中，如图3-264所示。

图3-264

3.4.8　制作操作区

01 三消游戏的操作范围一般是由7×9或9×9的格子组成，根据尺寸的不同，需要计算好每个格子的实际尺寸。本案例的手机尺寸是1080×1920像素，接下来就以7×9的格子规范进行排版，根据计算在本案例中每个格子的像素是130×130像素，那么格子的总宽度是130×7=910像素，高度是130×9=1170像素，是操作区域的大体尺寸，也可让格子与格子之间留有间隙，如图3-265所示。

图3-265

02 在图层属性栏中将排列好的7×9格子的【填充】调整为0%，然后在该图层上单击右键，选择【混合选项】，勾选【斜面和浮雕】，接着设置【深度】为100%，【大小】为4像素，【软化】为9像素，【角度】为120度，不勾选【使用全局光】，【高光模式】为滤色，设置高亮颜色为R255、G255、B255，不透明度为32%，【阴影模式】为正片叠底，设置阴影颜色为R0、G0、B0，不透明度为22%，如图3-266所示。

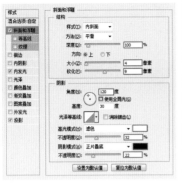

图3-266

03 勾选【内发光】，设置【不透明度】为15%，设置发光颜色为R257、G235、B232，【阻塞】为0%，【大小】为21像素，如图3-267所示。

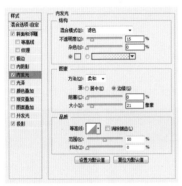

图3-267

04 勾选【投影】，设置阴影颜色为R0、G0、B0，【不透明度】为20%，【角度】为120度，不勾选【使用全局光】，【距离】为4像素，【扩展】为0%，【大小】为4像素，如图3-268所示。

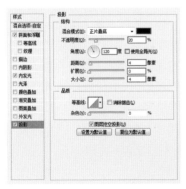

图3-268

05 将"练习3-3"所绘制的系列卡通图标，分别排列到格子中，即可完成游戏操作界面的绘制，最终效果如图3-269所示。

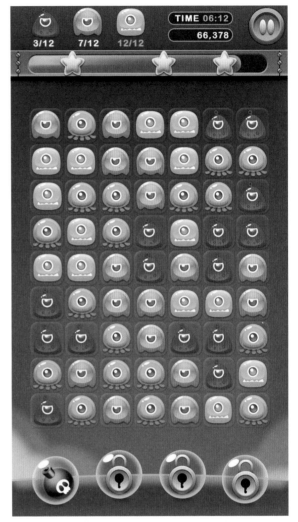

图3-269

Tips

操作区域和任务区域的游戏元素，一般都是由原画设计师负责绘制的。当然，也可以通过矢量图形进行设计，本案例就是采用这种方式。

3.5 游戏设置界面的绘制方法

　　游戏会根据玩家的个人喜好，设置一些让玩家操控的功能，例如声音、音乐等方便调控的功能，在设计这类界面的时候，要注意体现界面的整体性和功能键的醒目度，希望大家能通过对本案例的学习掌握整体的配色与按钮的处理效果。本案例的配色方案如图3-270所示，最终效果如图3-271所示。

R:60　　　　　R:40　　　　　R:220
G:185　　　　　G:100　　　　　G:0
B:250　　　　　B:195　　　　　B:205

图3-270　　　　　　　　　　　　　　　　图3-271

01 将"练习3-4"绘制的操作界面导出一张图片作为背景，然后对其进行高斯模糊，如图3-272所示。

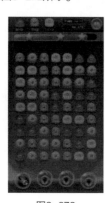

图3-272

并在属性栏设置比例为95%，可根据比例，向上下微调一下位置，最后用布尔运算【减去顶层形状】，得到图3-273所示的圆角矩形框。

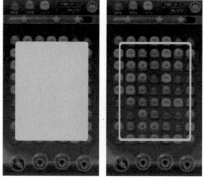

图3-273

> **Tips**
> 　　因为设置界面属于二级界面，是由一级界面触发引导的界面，所以要弱化主界面。

02 用【圆角矩形工具】绘制一个【半径】为10像素大小为830×1074像素的圆角矩形，然后选中圆角矩形的路径，对其进行复制粘贴操作，接着按Ctrl+T组合键，

03 在圆角矩形框图层上单击右键，选择【混合样式】，勾选【斜面和浮雕】，然后设置【深度】为74%，【大小】为43像素，【软化】为11像素，【角度】为90度，不勾选【使用全局光】，【高光模式】为滤色，设置高亮颜色为R255、G255、B255，【不透明度】为75%，【阴影模式】为正常，设置阴影颜色为R200、G0、B225，【不透明度】为75%，如图3-274所示。

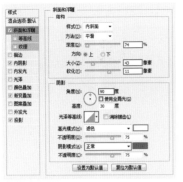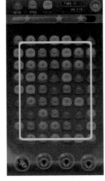

图3-274

04 勾选【内阴影】，设置阴影颜色为R0、G12、B255，【角度】为-90度，【距离】为8像素，【阻塞】为0%，【大小】为7像素，如图3-275所示。

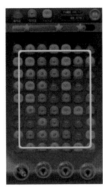

图3-275

05 勾选【渐变叠加】，设置【不透明度】为100%，然后单击控制面板上的渐变条，在【位置】0%处设置颜色为R15、G135、B230，在【位置】45%处设置颜色为R0、G215、B255，在【位置】100%处设置颜色为R195、G35、B250，【角度】为90度，如图3-276所示。

图3-276

06 勾选【投影】，设置阴影颜色为R20、G5、B95，【角度】为90度，不勾选【使用全局光】，【距离】为2像素，【扩展】为0%，【大小】为18像素，如图3-277所示。

图3-277

07 在边框底层绘制一个和边框一样大小的圆角矩形，如图3-278所示。

图3-278

08 勾选【斜面和浮雕】，设置【深度】为75%，【大小】为43像素，【软化】为11像素，【角度】为90度，不勾选【使用全局光】，【高光模式】为滤色，设置高亮颜色为R25、G255、B255，不透明度为75%，【阴影模式】为正常，设置阴影颜色为R50、G25、B205，不透明度为75%，如图3-279所示。

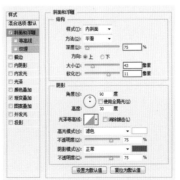

图3-279

09 勾选【渐变叠加】，设置【不透明度】为100%，单击控制面板上的渐变条，在【位置】0%处设置颜色为R55、G60、B210，在【位置】100%处设置颜色为R60、G195、B255，【角度】为90度，如图3-280所示。

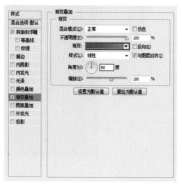

图3-280

10 用【矩形工具】绘制一个长方形，设置颜色为R25、G40、B205，如图3-281所示。

图3-281

11 将绘制的长方形复制多个，水平居中对齐后，合并到一个图层内，然后按Ctrl+T组合键，旋转45度，如图3-282所示。

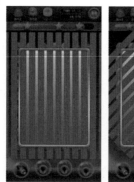

图3-282

12 在图层属性栏调整【不透明度】为15%，然后单击右键，选择【创建剪贴蒙版】，如图3-283所示。

图3-283

13 用【圆角矩形】工具绘制一个圆角矩形与之前的图形垂直居中对齐，然后在图层属性栏设置【填充】为35%，如图3-284所示。

图3-284

14 在新绘制的圆角矩形图层上单击右键，选择【混合选项】，勾选【斜面和浮雕】，设置【样式】为外斜面，【深度】为75%，【大小】为16像素，【软化】为5像素，【角度】为90度，不勾选【使用全局光】，【高光模式】为正常，设置高亮颜色为R0、G4、B53，不透明度为75%，【阴影模式】为正常，设置阴影颜色为R0、G255、B234，不透明度为75%，如图3-285所示。

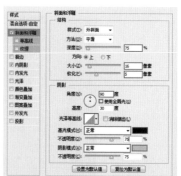

图3-285

15 勾选【内阴影】，设置阴影颜色为R47、G26、B1，【角度】为-90度，不勾选【使用全局光】，【距离】为8像素，【阻塞】为0%。【大小】为100像素，如图3-286所示。

图3-286

16 开始制作设置按钮。按住Shift键，用【椭圆工具】绘制一个圆形，并设置颜色为R12、G0、B126，如图3-287所示。

图3-287

17 勾选【投影】，设置阴影颜色为R15、G0、B85，【角度】为90度，不勾选【使用全局光】，【距离】为11像素，【扩展】为0%，【大小】为13像素，如图3-288所示。

图3-288

18 将圆形复制一个，设置颜色为R255、G0、B222，然后在该图层单击右键，选择【清除图层样式】，接着选中路径进行复制粘贴，再按Ctrl+T组合键，将圆形等比缩小到80%，最后用布尔运算【减去顶层形状】，得到图3-289所示的形状。

图3-289

19 在新的形状图层上单击右键，选中【混合选项】，勾选【斜面和浮雕】，然后设置【深度】为100%，【大小】为5像素，【软化】为0，【高光模式】为滤色，设置高亮颜色为R255、G255、B255，不透明度为75%，【阴影模式】为正片叠底，设置阴影颜色为R255、G159、B116，不透明度为75%，如图3-290所示。

图3-290

20 勾选【内发光】，设置发光颜色为R255、G85、B210，【阻塞】为31%，【大小】为8像素，如图3-291所示。

图3-291

21 勾选【光泽】，设置效果颜色为R24、G17、B114，【角度】为90度，【距离】为22像素，【大小】为35像素，如图3-292所示。

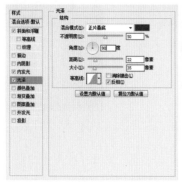

图3-292

22 制作好按钮底图后，用【形状工具】或【钢笔工具】绘制想要表达的功能图标，如图3-293所示。也可以去素材网上下载相对应的素材。

图3-293

23 在绘制的新形状图层上单击右键，选择【混合选项】，勾选【斜面和浮雕】，然后设置【深度】为100%，【大小】为4像素，【软化】为4像素，【角度】为90度，不勾选【使用全局光】，【高光模式】为滤色，设置高亮颜色为R255、G255、B255，不透明度为75%，【阴影模式】为正片叠底，设置阴影颜色为R228、G2、B255，不透明度为75%，如图3-294所示。

图3-294

24 勾选【投影】，设置阴影颜色为R0、G5、B130，【角度】为90度，不勾选【使用全局光】，【距离】为4像素，【扩展】为0%，【大小】为4像素，如图3-295所示。

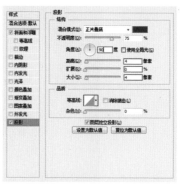

图3-295

25 按Ctrl+G组合键将按钮的文件图层群组，命名为按钮1。接下来制作控件，设计开关设置图形。用【圆角矩形工具】绘制一个圆角矩形作为凹槽，设置颜色为R25、G40、B160，如图3-296所示。作用是让按钮有一个可控的滑动轨迹。

图3-296

26 在圆角矩形图层上单击右键，选择【混合选项】，勾选【内阴影】，然后设置阴影颜色为R32、G36、B184，【不透明度】为38%，【角度】为90度，不勾选【使用全局光】，【距离】为10像素，【阻塞】为0%，【大小】为4像素，如图3-297所示。

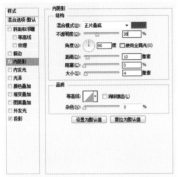

图3-297

29 在圆形图层上单击右键，选择【混合选项】，勾选【渐变叠加】，然后设置【不透明度】为100%，单击控制面板上的渐变条，在【位置】0%处设置颜色为R108、G208、B255，在【位置】100%处设置颜色为R33、G15、B206，【角度】为-90度，如图3-300所示。

图3-300

27 勾选【投影】，设置阴影颜色为R150、G143、B247，【角度】为90度，不勾选【使用全局光】，【距离】为4像素，【扩展】为0%，【大小】为4像素，如图3-298所示。

图3-298

30 勾选【投影】，设置阴影颜色为R27、G15、B145，【角度】为90度，不勾选【使用全局光】，【距离】为4像素，【扩展】为0%，【大小】为4像素，如图3-301所示。

图3-301

28 设计控件按钮。按住Shift键，用【椭圆工具】在轨迹栏上绘制一个圆形，如图3-299所示。

图3-299

31 复制一个圆形，然后按Ctrl+T组合键，将圆形等比缩小到80%，然后在该图层单击右键，选择【清除图层样式】，如图3-302所示。

图3-302

32 在缩小后的圆形图层上单击右键，选择【混合选项】，勾选【斜面和浮雕】，然后设置【深度】为100%，【大小】为49像素，【软化】为0，【高光模式】为滤色，设置高亮颜色为R255、G255、B255，不透明度为75%，【阴影模式】为正片叠底，设置阴影颜色为R255、G3、B205，不透明度为75%，如图3-303所示。

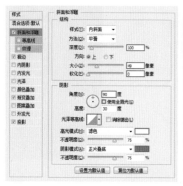

图3-303

33 勾选【描边】，设置【大小】为4像素，【位置】为内部，设置描边颜色为R255、G255、B255，如图3-304所示。

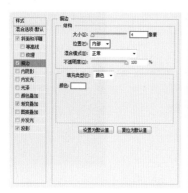

图3-304

34 勾选【渐变叠加】，设置【不透明度】为100%，单击控制面板上的渐变条，在【位置】0%处设置颜色为R255、G108、B239，在【位置】100%处设置颜色为R126、G47、B199，【角度】为-90度，如图3-305所示。

图3-305

35 勾选【投影】，设置阴影颜色为R0、G10、B70，【角度】为90度，不勾选【使用全局光】，【不透明度】为75%，【距离】为4像素，【扩展】为0%，【大小】为4像素，如图3-306所示。

图3-306

36 设置控件设计完成后，在控件左右两端添加【开】、【关】文字信息，如图3-307所示。

图3-307

37 按Ctrl+G组合键群组音乐控件，然后根据设置要求替换功能键，如图3-308所示。

图3-308

38 在面板上方输入【设置】字体，字体的颜色和样式根据界面风格选择，如图3-309所示。

图3-309

39 在【设置】文字图层上单击右键，选择【混合选项】，勾选【描边】，设置【大小】为4像素，设置描边颜色为R24、G0、B255，如图3-310所示。

图3-310

40 勾选【渐变叠加】，设置【不透明度】为100%，然后单击控制面板上的渐变条，在【位置】0%处设置颜色为R212、G251、B255，在【位置】100%处设置颜色为R255、G255、B255，【角度】为90度，如图3-311所示。

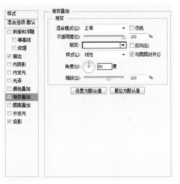

图3-311

41 勾选【投影】，设置阴影颜色为R40、G12、B110，【不透明度】为75%，【角度】为90度，不勾选【使用全局光】，【距离】为8像素，【扩展】为0%，【大小】为6像素，如图3-312所示。

图3-312

42 最后制作关闭按钮，关闭按钮的样式和游戏操作界面的暂停按钮样式一致，把暂停形状变为关闭形状即可。最终效果如图3-313所示。

图3-313

3.6 游戏关卡界面的绘制方法

素材：练习3-6

　　游戏的闯关界面由贯通的关卡组成，关卡的设计不用过于复杂，设计初始形态后可复制应用。闯关界面要有次序性和整体性，希望大家通过本案例的学习能掌握不规则布局排版与色彩搭配的知识。本案例的配色方案如图3-314所示，最终效果如图3-315所示。

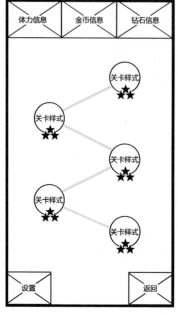

图3-314

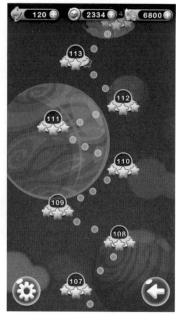

图3-315

1.制作上部的信息栏

01 绘 制 游 戏 背 景 图，如 图3-316所示。注意背景要符合游戏题材，整体画面不要太抢游戏关卡效果。

图3-316

02 根据产品原型图，先绘制上部的信息栏区域。用【圆角矩形工具】绘制一个310×70像素的圆角矩形，并设置颜色为R0、G253、B255，如图3-317所示。

图3-317

Tips

　　游戏背景一般都是由原画同事负责提供，在这里只做参考之用。

Tips

　　游戏中的按钮都要做好统一的规划管理，质感与展示形式按之前做过的样式进行设计即可，如有特殊要求可重新设计按钮样式。根据要求，上方有3个属性框，界面的尺寸宽度为1080像素，所以每个宽度不能超过360像素。

08 勾选【投影】，设置阴影颜色为R20、G205、B235，【角度】为90度，不勾选【使用全局光】，【距离】为2像素，【扩展】为0%，【大小】为0像素，如图3-323所示。

图3-323

09 绘制添加按钮。按住Shift键，用【椭圆工具】在凹槽右边绘制一个圆形，并设置颜色为白色，如图3-324所示。

图3-324

10 在圆形图层上单击右键，选择【混合选项】，勾选【内阴影】，设置阴影颜色为R0、G130、B240，【角度】为-59度，【距离】为8像素，【阻塞】为0%，【大小】为10像素，如图3-325所示。

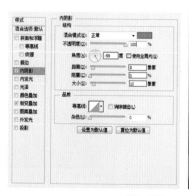

图3-325

11 勾选【渐变叠加】，设置【不透明度】为100%，单击控制面板上的渐变条，在【位置】0%处设置颜色为R0、G200、B70，在【位置】24%处设置颜色为R95、G200、B2，在【位置】100%处设置颜色为R227、G255、B96，【角度】为90度，如图3-326所示。

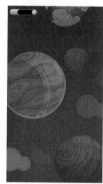

图3-326

12 按钮制作完成后。用【椭圆工具】在按钮左上角上绘制高光，如图3-327所示。

图3-327

13 添加字体效果，文字颜色尽可能高亮些，信息内容要醒目，如图3-328所示。

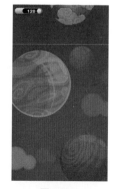

图3-328

14 用【圆角矩形工具】绘制一个水平的圆角矩形，并设置颜色为白色，然后选中并复制粘贴路径，接着Ctrl+T组合键，顺时针旋转90度，得到一个"加号"图形，如图3-329所示。

图3-329

15 在"加号"图形的图层上单击右键，选择【混合选项】，勾选【斜面和浮雕】，设置【深度】为100%，【大小】为4像素，【软化】0像素，【角度】为90度，不勾选【使用全局光】，【高光模式】为滤色，设置高亮颜色为R255、G255、B255，【不透明度】为75%，【阴影模式】为正常，设置阴影颜色为R76、G185、B25，【不透明度】为75%，如图3-330所示。

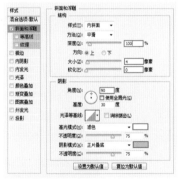

图3-330

16 勾选【投影】，设置阴影颜色为R5、G90、B50，【角度】为90度，不勾选【使用全局光】，【距离】为2像素，【扩展】为0%，【大小】为3像素，如图3-331所示。

图3-331

17 用【钢笔】工具绘制一个"能量"图标，一般用"闪电"来表现，设置颜色为R0、G255、B246，如图3-332所示。

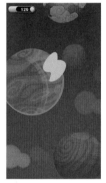

图3-332

18 在绘制的图标图层上单击右键，选择【混合选项】，勾选【内发光】，然后设置【不透明度】为100%，设置发光颜色为R155、G221、B255，【阻塞】为0%，【大小】为40像素，如图3-333所示。

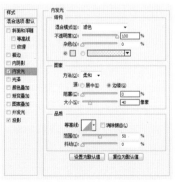

图3-333

19 勾选【投影】，设置阴影颜色为R3、G30、B58，【角度】为90度，不勾选【使用全局光】，【距离】为4像素，【扩展】为0%，【大小】为6像素，如图3-334所示。

图3-334

20 复制一个"能量"图标形状，然后在图层上单击右键，选择【清除图层样式】，接着按Ctrl+T组合键，将图标等比缩小到70%，最后用【直接选择工具】调整锚点，让闪电看着更加舒适，如图3-335所示。

图3-335

21 在复制的"能量"图标图层上单击右键，选择【混合选项】，勾选【斜面和浮雕】，设置【样式】为浮雕效果，【深度】为388%，【大小】为29像素，【软化】0像素，【角度】为120度，不勾选【使用全局光】，【高光模式】为滤色，设置高亮颜色为R0、G82、B250，【不透明度】为75%，【阴影模式】为正片叠加，设置阴影颜色为R2、G35、B205，【不透明度】为75%，如图3-336所示。

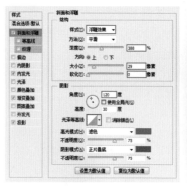

图3-336

22 勾选【内发光】，设置【不透明度】为75%，设置发光颜色为R0、G210、B255，【阻塞】为0%，【大小】为24像素，如图3-337所示。

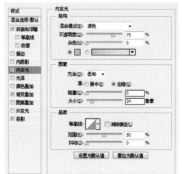

图3-337

23 勾选【渐变叠加】，设置【不透明度】为100%，单击控制面板上的渐变条，在【位置】34%处设置颜色为R1、G121、B255，在【位置】80%处设置颜色为R161、G249、B255，在【位置】100%处设置颜色为R0、G255、B234，【角度】为90度，如图3-338所示。

图3-338

24 勾选【投影】，设置阴影颜色为R13、G10、B147，【角度】为90度，不勾选【使用全局光】，【距离】为2像素，【扩展】为0%，【大小】为5像素，如图3-339所示。

图3-339

25 "能量"图标设计完成后，选中"能量"图标图层，然后单击右键，选择【转换为智能对象】，接着将其缩小后放在状态栏前端，最后选中所有状态按钮，按Ctrl+G组合键群组文件，命令为"能量按钮"，如图3-340所示。

图3-340

26 复制两个"能量按钮"群组文件，分别起名为"银币按钮"和"钻石按钮"。然后将其等距排列在界面上方，并将后两个按钮的图标删掉，单独绘制银币与钻石图标，如图3-341所示。

图3-341

27 绘制"银币"。按住Shift键，用【椭圆工具】绘制一个圆形，并设置颜色为R192、G192、B192，然后按Ctrl+T组合键，单击右键，选择【扭曲】，将左上角的点向内调整，如图3-342所示。

图3-342

28 在调整后的形状图层上单击右键，选择【混合选项】，勾选【渐变叠加】，然后设置【不透明度】为100%，单击控制面板上的渐变条，在【位置】20%处设置颜色为R56、G56、B56，在【位置】100%处设置颜色为R183、G183、B183，【角度】为90度，如图3-343所示。

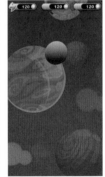

图3-343

29 将调整后的椭圆形复制一个，然后在该图层上单击右键，选择【清除图层样式】，接着将其向左上方移动20像素，如图3-344所示。

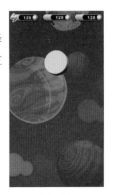

图3-344

30 在复制的椭圆形图层上单击右键，选择【混合选项】，勾选【内阴影】，然后设置阴影颜色为R255、G255、B255，【角度】为120度，不勾选【使用全局光】，【距离】为9像素，【阻塞】为5%，【大小】为9像素，如图3-345所示。

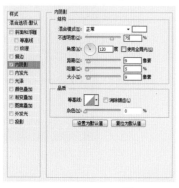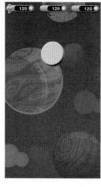

图3-345

31 勾选【渐变叠加】，设置【不透明度】为100%，然后单击控制面板上的渐变条，在【位置】0%处设置颜色为R195、G195、B195，在【位置】27%处设置颜色为R151、G151、B151，在【位置】100%处设置颜色为R255、G255、B255，如图3-346所示。

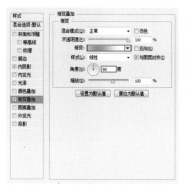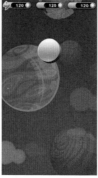

图3-346

32 再复制一个椭圆形，然后在图层上单击右键，选择【清除图层样式】，接着按Ctrl+T组合键，将其等比缩小到75%，如图3-347所示。

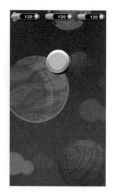

图3-347

33 在缩小后的椭圆形图层上单击右键，选择【混合选项】，勾选【内阴影】，设置阴影颜色为R0、G0、B0，【不透明度】为80%，【角度】为132度，【距离】为15像素，【阻塞】为0%，【大小】为5像素，如图3-348所示。

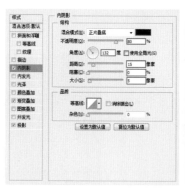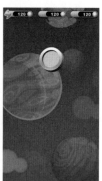

图3-348

34 勾选【渐变叠加】，设置【不透明度】为100%，单击控制面板上的渐变条，在【位置】17%处设置颜色为R70、G70、B70，在【位置】100%处设置颜色为R255、G255、B255，【角度】为119度，如图3-349所示。

图3-349

35 勾选【投影】，设置投影颜色为R255、G255、B255，【角度】为120度，不勾选【使用全局光】，【距离】为5像素，【扩展】为0%，【大小】为5像素，如图3-350所示。

图3-350

36 绘制中间的"外星人"形象。按住Shift键，用【椭圆工具】绘制一个圆形，并设置颜色为白色，然后用【直接选择工具】单独选中圆形下方的锚点，并向下移动30像素，调整到图3-351所示的形状。

图3-351

37 绘制"外星人"的眼睛。用【椭圆工具】绘制一个垂直的椭圆形，然后按Ctrl+T组合键，将其旋转30度，接着复制一个椭圆形，并按Ctrl+T组合键，单击右键，选择【水平翻转】，如图3-352所示。

图3-352

38 运用布尔运算【减去顶层形状】，得到"外星人"形状，如图3-353所示。

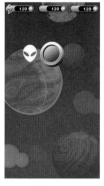

图3-353

39 选择"外星人"图层，然后按Ctrl+T组合键，单击右键，选择【扭曲】，将其左上角的锚点向内调整，如图3-354所示。

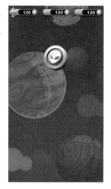

图3-354

40 在"外星人"图层上单击右键，选择【混合选项】，勾选【斜面和浮雕】，然后设置【深度】为100%，【大小】为92像素，【软化】为0像素，【角度】为120度，不勾选【使用全局光】，【高光模式】为滤色，设置高亮颜色为R255、G255、B255，【不透明度】为75%，【阴影模式】为正片叠底，设置阴影颜色为R0、G0、B0，【不透明度】为75%，如图3-355所示。

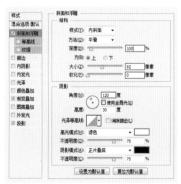

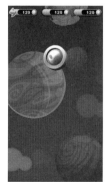

图3-355

41 勾选【渐变叠加】，设置【不透明度】为100%，单击控制面板上的渐变条，在【位置】48%处设置颜色为R255、G255、B255，在【位置】100%处设置颜色为R196、G196、B196，【角度】为90度，如图3-356所示。

图3-356

42 勾选【投影】，设置阴影颜色为R0、G0、B0，【角度】为139度，不勾选【使用全局光】，【距离】为10像素，【扩展】为11%，【大小】为10像素，如图3-357所示。

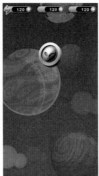

图3-357

43 单击【多边形工具】，在属性栏中设置【边】为4，并单击齿轮图标，勾选【星形】，设置【缩进边依据】为60%，勾选【平滑缩进】，绘制出两个四角星，设置颜色为R255、G255、B255，再按Ctrl+T组合键将其旋转45%。然后按Ctrl+G组合键群组所有银币图层，接着在群组文件上单击右键，选择【转换为智能对象】，最后将"银币"图标缩小放在上面的状态栏上，如图3-358所示。

图3-358

44 制作钻石。要想做好钻石的质感，就要把切面的明暗关系处理好，可以用【钢笔工具】绘制想要表达的切面。用【钢笔工具】绘制一个钻石的大体形状，也可以用布尔运算获得想要的形状，并设置颜色为R174、G255、B0，如图3-359所示。

图3-359

45 复制"钻石"图层，用【直接选择工具】调整锚点进行变形，制作明暗关系。然后设置亮色区域的颜色为R174、G255、B0，中间过渡区域的颜色为R18、G255、B0，暗部区域的颜色为R107、G189、B10，如图3-360所示。

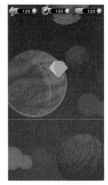

图3-360

Tips

复制的好处在于，形状的位置不会发生改变，想要改变哪个锚点可以直接操控，比较方便。

46 "钻石"的纵切面关系制作完毕后，采用同样的方法，用【直接选择工具】编辑锚点，做横切面的效果。"钻石"下面的斜切面，亮部颜色为R100、G182、B4，暗部颜色为R5、G99、B21，如图3-361所示。

图3-361

47 大体的关系已经确立，接下来就可以在每个要做渐变的图层上【添加图层蒙版】，然后用【渐变】制作切面的过渡关系，如图3-362所示。

图3-362

48 在钻石的受光面位置打上高光，如图3-363所示。

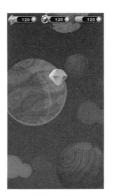

图3-363

49 按Ctrl+G组合键，群组做好的钻石图标，然后按Ctrl+T组合键，等比缩小钻石图标，放在状态栏上，接着将"银币"的星星装饰复制3个放在钻石的上面，注意大小关系，如图3-364所示。

图3-364

Tips

为了界面更加美观，可以将"钻石"图标多复制一个，并调整好大小和位置，组合在一起。

50 在信息栏下方用【矩形工具】绘制一个长方形，然后在该图层上添加一个图层蒙版，接着激活【渐变工具】，并在属性栏单击渐变条，在位置0%处设置颜色为R0、G0、B0，在100%处设置色值为R255、G255、B255，最后垂直向下拉出渐变，如图3-365所示。

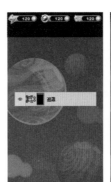

图3-365

2.制作关卡图标

关卡的元素取决于游戏的故事情节，可以用故事中的元素来表达关卡的合理性。因为本案例的游戏题材为"外星人"，所以用"飞船"作为闯关的表现要素。需要展现出关卡的状态与通关程度。

01 按住Shift键，用【椭圆工具】绘制一个圆形，设置颜色为R255、G255、B255，如图3-366所示。

图3-366

02 运用布尔运算的【合并形状】，在圆形下方用【椭圆工具】绘制一个椭圆形，如图3-367所示。

图3-367

03 复制圆形路径并粘贴，然后按Ctrl+T组合键，等比例缩小到80%，接着用布尔运算【减去顶层形状】，最后用【直接选择工具】选择圆内下方的锚点，向上移动，调整完成后的形状如图3-368所示。

图3-368

04 在形状图层上单击右键，选择【混合选项】，勾选【斜面和浮雕】，设置【深度】为100%，【大小】为4像素，【软化】为0像素，【角度】为90度，不勾选【使用全局光】，【高光模式】为滤色，设置高亮颜色为R255、G255、B255，【不透明度】为75%，【阴影模式】为正片叠底，设置阴影颜色为R247、G99、B0，【不透明度】为75%，如图3-369所示。

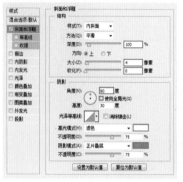

图3-369

05 勾选【渐变叠加】，设置【不透明度】为100%，单击控制面板上的渐变条，在【位置】0%处设置颜色为R255、G190、B52，在【位置】100%处设置颜色为R255、G246、B206，【角度】为90度，如图3-370所示。

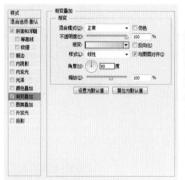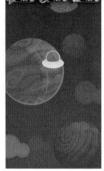

图3-370

06 勾选【投影】，设置阴影颜色为R255、G96、B0，【角度】为90度，不勾选【使用全局光】，【距离】为4像素，【扩展】为0%，【大小】为4像素，如图3-371所示。

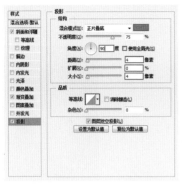

图3-371

图3-374

07 "飞碟"的大体框架制作完成后，用【椭圆工具】在飞碟的镂空下方绘制一个椭圆形，设置颜色为R140、G10、B10，【不透明度】为40%，如图3-372所示。

图3-372

08 在镂空的位置输入需要显示的关卡信息，如图3-373所示。

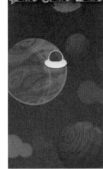

图3-373

09 制作关卡的通关程度，可用星星的数量来表示通关的情况。单击【多边形工具】，并在属性栏设置【边】为5，然后单击齿轮图标，勾选【平滑拐角】，勾选【星形】，设置【缩进边依据】为50%，接着绘制一个五角星，如图3-374所示

10 在绘制的五角星图层上单击右键，选择【混合选项】，勾选【斜面和浮雕】，然后设置【深度】为365%，【大小】为10像素，【软化】为0像素，【角度】为120度，不勾选【使用全局光】，【高光模式】为滤色，设置高亮颜色为R250、G212、B0，【不透明度】为75%，【阴影模式】为正片叠底，设置阴影颜色为R255、G204、B0，【不透明度】为75%，如图3-375所示。

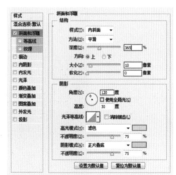

图3-375

11 勾选【描边】，设置【大小】为4像素，设置描边颜色为R198、G100、B20，如图3-376所示。

图3-376

12 勾选【渐变叠加】，设置【不透明度】为100%，单击控制面板上的渐变条，在【位置】0%处设置颜色为R255、G97、B0，在【位置】39%处设置颜色为R255、G210、B0，在【位置】80%处设置颜色为R255、G250、B168，在【位置】100%处设置颜色为R255、G210、B0，如图3-377所示。

图3-377

13 勾选【投影】，设置阴影颜色为R0、G0、B0，【不透明度】为89%，【角度】为90度，不勾选【使用全局光】，【距离】为10像素，【扩展】为0%，【大小】为5像素，如图3-378所示。

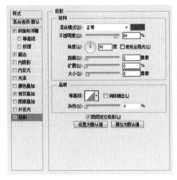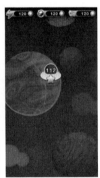

图3-378

14 制作完星星后，复制两个，然后按Ctrl+T组合键，等比缩小到80%，接着将其放置在图3-379所示的位置。

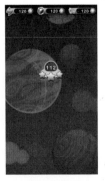

图3-379

15 将关卡文件全部选中，然后按Ctrl+G组合键进行群组，接着按Ctrl+T组合键，调整关卡图标的大小，调整后复制群组文件进行关卡排列，并修改关卡信息，如图3-380所示。

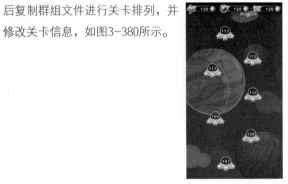

图3-380

16 制作衔接关卡之间的连接点。按住Shift键，用【椭圆工具】绘制圆形，并在图层属性栏设置【填充】为60%，然后在该图层上单击右键，选择【混合选项】，勾选【内发光】，设置发光颜色为R248、G133、B5，【阻塞】为0%，【大小】为16像素，接着将圆形复制几个排列好，如图3-381所示。

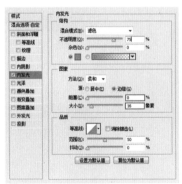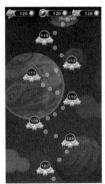

图3-381

3.制作设置和返回按钮

本案例中放置"设置"和"返回"按钮的气泡，在"练习3-4"中已经讲过绘制方法，在此不做赘述。

01 制作"设置"按钮。按住Shift键，用【椭圆工具】绘制一个圆形，然后用【圆角矩形工具】绘制一个圆角矩形，水平居中对齐圆形，接着复制圆角矩形，按Ctrl+T组合键，旋转45度，继续采用同样的方法，复制两个圆角矩形，最后把圆和圆角矩形合并在一起，如图3-382所示。

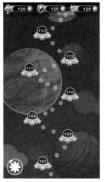

图3-382

02 选中圆形路径并复制粘贴，然后按Ctrl+T组合键，将其等比缩小到50%，接着运用布尔运算【减去顶部形状】，制作出镂空的效果，如图3-383所示。

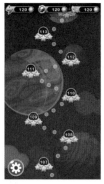

图3-383

03 在绘制"设置"按钮的图层上单击右键，选择【混合选项】，勾选【斜面和浮雕】，然后设置【深度】为100%，【大小】为18像素，【软化】为7像素，【角度】为130度，不勾选【使用全局光】，【高光模式】为滤色，设置高亮颜色为R255、G255、B255，【不透明度】为75%，【阴影模式】为正常，设置阴影颜色为R0、G168、B225，【不透明度】为75%，如图3-384所示。

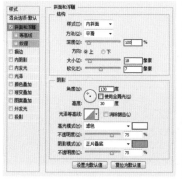
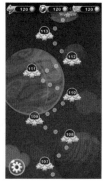

图3-384

04 使用同样方法制作气泡使用之前的道具栏。用【圆角矩形工具】与【自定义形状工具】中的标志3结合绘制"返回"按钮，如图3-385所示。

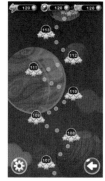

图3-385

05 在绘制"返回"按钮的图层上单击右键，选择【混合选项】，勾选【斜面和浮雕】，然后设置【深度】为100%，【大小】为18像素，【软化】为7像素，【角度】为130度，不勾选【使用全局光】，【高光模式】为滤色，设置高亮颜色为R255、G255、B255，【不透明度】为75%，【阴影模式】为正常，设置阴影颜色为R0、G168、B225，【不透明度】为75%，如图3-386所示。

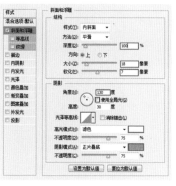
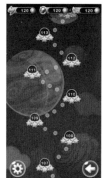

图3-386

3.7 游戏胜利界面的绘制方法

胜利界面是展示游戏成绩的界面，突出游戏的奖励信息和成绩列表即可。下面是一些常见的胜利界面，如图 3-387~图3-390所示。

图3-387

图3-388

图3-389

图3-390

通过对胜利界面的学习，掌握界面信息的布局突出性和信息的合理布局方法。同时，加强对软件工具的掌握，合理搭配颜色。本案例的配色方案如图3-391所示，最终效果如图3-392所示。

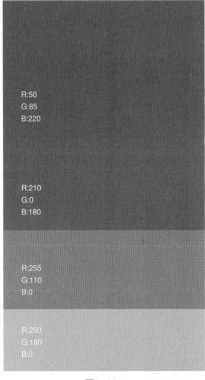

R:50
G:85
B:220

R:210
G:0
B:180

R:255
G:110
B:0

R:250
G:180
B:0

图3-391

图3-392

01 将"练习3-5"绘制的设置面板多余的元素删掉，保留底板即可，如图3-393所示。

图3-393

02 绘制胜利界面的底纹旗帜。用【矩形工具】绘制一个正方形，并设置颜色为R232、G0、B245，如图3-394所示。

图3-394

03 用【直接选择工具】选择要编辑的锚点，移动到合适的位置，让矩形看起来像扇形，如图3-395所示。

图3-395

04 在调整后的形状图层上单击右键，选择【混合选项】，勾选【内阴影】，设置阴影颜色为R0、G185、B255，【角度】为-90度，不勾选【使用全局光】，【距离】为15像素，【阻塞】为0%，【大小】为30像素，如图3-396所示。

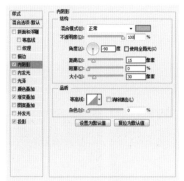

图3-396

05 勾选【渐变叠加】，设置【不透明度】为100%，单击控制面板上的渐变条，在【位置】0%处设置颜色为R182、G0、B86，在【位置】100%处设置颜色为R234、G0、B255，如图3-397所示。

图3-397

06 勾选【投影】，设置阴影颜色为R0、G0、B0，【角度】为90度，不勾选【使用全局光】，【距离】为10像素，【扩展】为0%，【大小】为30像素，如图3-398所示。

图3-398

07 用【钢笔工具】在旗帜的底纹下绘制一个旗边，然后在绘制的旗帜图层上单击右键，选择【拷贝图层样式】，接着在绘制的旗边图层上单击右键，选择【粘贴图层样式】，如图3-399所示。

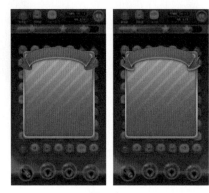

图3-399

08 绘制五角星。单击【多边形工具】，在属性栏设置【边】为5，然后单击齿轮图标，勾选【平滑拐角】，勾选【星形】，设置【缩进边依据】为40%，接着绘制一个五角星，并设置颜色为R255、G210、B0，如图3-400所示。

图3-400

09 在绘制的五角星图层上单击右键，选择【混合选项】，勾选【斜面和浮雕】，然后设置【深度】为220%，【大小】为20像素，【软化】为10像素，【角度】为120度，不勾选【使用全局光】，【高光模式】为滤色，设置高亮颜色为R255、G255、B255，不透明度为100%，【阴影模式】为正片叠底，设置阴影颜色为R255、G145、B15，不透明度为75%，如图3-401所示。

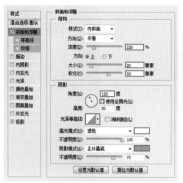

图3-401

10 勾选【投影】，设置阴影颜色为R160、G60、B10，【角度】为90度，不勾选【使用全局光】，【距离】为15像素，【扩展】为0%，【大小】为18像素，如图3-402所示。

图3-402

11 复制制作好的五角星，然后按Ctrl+T组合键，将其缩小到70%，接着在图层上单击右键，选择【清除图层样式】，如图3-403所示。

图3-403

12 在缩小后的五角星图层上单击右键，选择【混合选项】，勾选【内阴影】，然后设置阴影颜色为R255、G102、B0，【角度】为120度，不勾选【使用全局光】，【距离】为5像素，【阻塞】为0%，【大小】为25像素，如图3-404所示。

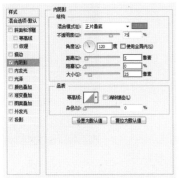

图3-404

13 勾选【渐变叠加】，设置【不透明度】为100%，单击控制面板上的渐变条，在【位置】0%处设置颜色为R255、G216、B0，在【位置】48%处设置颜色为R255、G167、B0，在【位置】100%处设置颜色为R255、G118、B0，【样式】为径向，【角度】为90度。然后将渐变位置向左上角移动，如图3-405所示。

图3-405

14 勾选【投影】，设置阴影颜色为R255、G237、B139，【角度】为90度，不勾选【使用全局光】，【距离】为9像素，【扩展】为0%，【大小】为18像素，如图3-406所示。

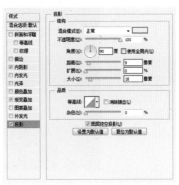

图3-406

15 用【椭圆工具】绘制一个椭圆形，并设置颜色为白色，制作高光部分，如图3-407所示。

图3-407

16 按Ctrl+G组合键，群组五角星图层。然后复制两个星星，接着按Ctrl+T组合键调整角度和大小，摆放在两边，如图3-408所示。

图3-408

17 输入文字信息，字体样式和颜色根据游戏风格而定。然后为文字信息添加【描边】与【颜色叠加】样式，注意字体的颜色要亮艳些，跟背景图的颜色形成鲜明的对比即可，如图3-409所示。

图3-409

18 用【圆角矩形工具】绘制一个【半径】为100像素的圆角矩形，并设置颜色为R12、G23、B124，然后在图层属性栏设置【填充】为35%，如图3-410所示。

图3-410

19 在圆角矩形图层上单击右键，选择【混合选项】，勾选【内阴影】，然后设置颜色为R7、G9、B120，【角度】为90度，不勾选【使用全局光】，【距离】为5像素，【阻塞】为0%，【大小】为30像素，如图3-411所示。

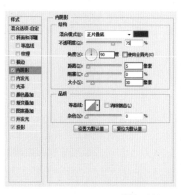

图3-411

20 勾选【投影】，设置【不透明度】为80%，设置阴影颜色为R0、G216、B255，【角度】为90度，不勾选【使用全局光】，【距离】为5像素，【扩展】为0%，【大小】为18像素，如图3-412所示。

图3-412

21 把游戏的任务要求放在这个框中，如图3-413所示。

图3-413

22 制作胜利界面的按钮。用【圆角矩形工具】绘制一个圆角矩形，并设置颜色为R255、G138、B0，如图3-414所示。

图3-414

23 在圆角矩形图层上单击右键，选择【混合选项】，勾选【斜面和浮雕】，然后设置【深度】为100%，【大小】为21像素，【软化】为0像素，【角度】为90度，不勾选【使用全局光】,【高光模式】为滤色,设置高亮颜色为R255、G255、B255,不透明度为75%,【阴影模式】为正片叠底,设置阴影颜色为R255、G159、B114,不透明度为75%,如图3-415所示。

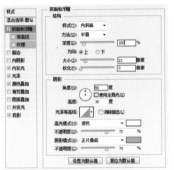

图3-415

24 勾选【内发光】,设置发光颜色为R255、G85、B210,【阻塞】为31%,【大小】为8像素,如图3-416所示。

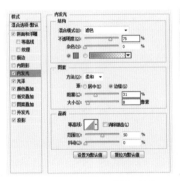

图3-416

25 勾选【光泽】,设置效果颜色为R242、G143、B1,【不透明度】为50%,【角度】为90度,【距离】为22像素,【大小】为35像素,如图3-417所示。

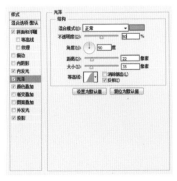

图3-417

26 勾选【颜色叠加】,设置叠加颜色为R255、G0、B222,如图3-418所示。

图3-418

27 勾选【投影】,设置阴影颜色为R9、G53、B126,【角度】为90度,不勾选【使用全局光】,【距离】为5像素,【扩展】为0%,【大小】为18像素,如图3-419所示。

图3-419

28 单击【多边形工具】,在属性栏设置【边】为3,并单击齿轮图标,勾选【平滑拐角】,绘制一个三角形作为"继续"按钮,并设置颜色为白色,如图3-420所示。

图3-420

29 在三角形图层上单击右键，选择【混合选项】，勾选【斜面和浮雕】，然后设置【深度】为100%，【大小】为4像素，【软化】为4像素，【角度】为90度，不勾选【使用全局光】，【高光模式】为滤色，设置高亮颜色为R255、G255、B255，不透明度为75%，【阴影模式】为正片叠底，设置阴影颜色为R228、G2、B255，不透明度为75%，如图3-421所示。

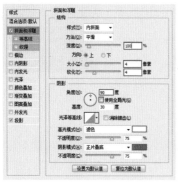 

图3-421

30 勾选【投影】，设置阴影颜色为R0、G5、B130，【角度】为90度，不勾选【使用全局光】，【距离】为4像素，【扩展】为0%，【大小】为4像素，如图3-422所示。

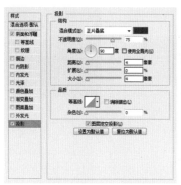 

图3-422

31 按住Shift键，用【椭圆工具】绘制一个圆形，并设置颜色为R255、G253、B0，如图3-423所示。

32 将粉色按钮的图层样式，粘贴到黄色按钮图层上，注意将【颜色叠加】样式中的叠加颜色修改为R255、G150、B0，如图3-424所示。

图3-423　　　　图3-424

33 制作一个"分享"按钮，并将"继续"按钮的图层样式粘贴到"分享"按钮上。修改【斜面和浮雕】样式中【阴影模式】的颜色为R254、G133、B0，如图3-425所示。

34 复制一个分享按钮，移动至右侧，把"分享"按钮换成"刷新"按钮即可，如图3-426所示。

图3-425　　　　图3-426

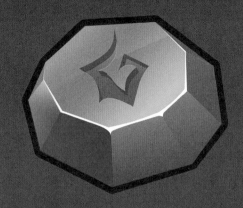

宝石的制作流程

设计要求

掌握宝石的整体结构和切面光源的渐变处理方法。

知识点

运用［图层蒙版］去绘制每一个切面的渐变样式。

基本色值

 R:65 G:190 B:220　　 R:45 G:130 B:195　　R:55 G:100 B:135

① 绘制宝石基本形状。

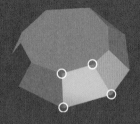

② 根据上下切点制作每个切面。

③ 利用［图层蒙版］绘制切面质感。

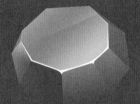

④ 用［钢笔工具］绘制高光过渡边缘线。

⑤ 绘制宝石上的雕刻样式。

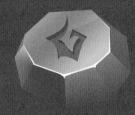

⑥ 绘制内部投影效果。

⑦ 添加描边，让宝石更具整体感。

金币的制作流程

设计要求

掌握设计金币的整体效果，让金币表面丰富一些，不要太突兀。

知识点

练习角度变化，熟练掌握Ctrl+Alt+Shift+T组合键的使用技巧。

基本色值

 R:240 G:210 B:80

R:125 G:75 B:40

 R:215 G:170 B:110

① 绘制金币的基本关系。

② 利用Ctrl+Alt+Shift+T 组合键设计四周样式。

③ 针对每个图层添加图层样式。

④ 新建一个表面，制作出金币厚度。

⑤ 利用Ctrl+Alt+Shift+T 组合键绘制四周花边。

⑥ 利用Ctrl+Alt+Shift+T组合键绘制底纹花边。

⑦ 绘制金币上的形状。

⑧ 修饰形状与整体效果。

魔法书的制作流程

设计要求
绘制一本偏Q风格的魔法书，突出图书的立体感与魔幻感。

知识点
使用［钢笔工具］进行设计，对图标的立体效果进行了解。

基本色值

 R:240 G:210 B:80　　 R:125 G:75 B:40　　R:25 G:160 B:130

① 先确定图书的基本形状。

② 进一步确定图书的明暗关系与颜色。

③ 调整每个图层的渐变关系。

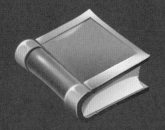

④ 把图书的光源处理好。

⑤ 添加一些装饰物。

⑥ 绘制图书封面上的魔法符文。

⑦ 在符文上放置图层样式使符文漂浮起来。

战斗勋章的制作流程

设计要求
绘制战斗勋章，勋章需要融入战斗因素和荣耀因素，让整体看起来高端一些。

知识点
练习[钢笔工具]的变形应用，掌握路径的操作手法。

基本色值

 R:240 G:210 B:80　　R:125 G:75 B:40　　R:65 G:30 B:130　　 R:50 G:160 B:225

① 先把最基础的样式绘制出来让整体有层次感。

② 可以把剑隐藏掉，先做背景板。

③ 背景板制作完成后，绘制旗帜的样式和金属感的样式。

④ 当后面绘制得差不多的时候，可以把之前的剑绘制出来，调整好剑的最终样式和颜色。

⑤ 绘制钻石时需要注意切面的光源，绘制把手时需要把螺纹关系表达清晰。

⑥ 最终把剑的细节部分绘制出来，呈现出整体效果。

⑦ 整体绘制完毕后，需要做一些装饰，让勋章看起来更加耀眼。

⑧ 最后设计好装饰效果，让整体看起来更加饱满。

火焰头盔的制作流程

设计要求

绘制一个火焰头盔勋章，整体偏中国风，突显出头盔样式。

知识点

注意运用中国元素布局，并注意每个元素之间的层级关系。

基本色值

 R:220 G:125 B:40

 R:230 G:40 B:25

 R:55 G:175 B:230

① 绘制好头盔的大体样式和明暗关系。

② 细化细节部分，让整体看起来更加精细。

③ 绘制好头盔，开始制作图标的底盘部分。

④ 设计一些异形来装饰底盘。

⑤ 刻画底盘的质感。

⑥ 根据底盘的形状，设计一些装饰物。

⑦ 根据整体效果来设计装饰物，让图标整体看上去更加饱满。

⑧ 刻画最终的细节部分。

魔法药瓶的制作流程

设计要求

通过绘制药瓶图标，对绘制过程进行巩固和加深。需要注意的重点是对图标整体机构的理解和对瓶身质感的表现。

知识点

通过使用[钢笔工具]与[布尔运算]对图进行整体设计，再运用[图层样式]来修饰图标的整体质感。

基本色值

 R:240
G:120
B:45

R:150
G:30
B:30

 R:70
G:10
B:10

① 基本构图。

② 制作瓶口结构与光影效果。

③ 制作瓶塞质感效果。

④ 瓶内液体的基本样式。

⑤ 处理液体的内部结构与厚度。

⑥ 处理瓶子的光源与反光效果。

⑦ 添加炫光点。

⑧ 制作装饰环形状的透视关系。

⑨ 制作装饰物的质感效果。

04

移动游戏主界面的
绘制方法

本章主要针对当下比较流行的两种游戏主界面的绘制
方法进行讲解。希望通过本章的学习，大家能够对不同类型
游戏的设计风格有所掌握，知道针对不同类型的游戏设定相
关的元素与情节搭配的方法，让游戏更加富有故事性。

4.1 竞技类手机游戏界面设计

　　竞技类游戏，是建立在公正、公平、合理的游戏平台上的对战游戏，主要体现的是对战氛围。竞技游戏更偏向竞技系统，在交流和可玩性中找到平衡。在界面的展示上，要凸显信息的阶梯性，让玩家最大化地查看可用信息，以帮助玩家取得胜利。下面是一些常见的竞技类手机游戏，如图4-1~图4-3所示。

图4-1

图4-2

图4-3

4.1.1 绘制游戏的信息对战界面

素材：练习4-1

　　本案例主要是针对竞技类手机游戏，设计主界面与对战信息界面。让初学者了解竞技类手机游戏界面设计需要注意的一些问题。例如，针对对战信息，如何排版布局，如何展示所需的信息，如何表现竞技氛围等；针对游戏操作界面，如何合理地展示必要信息，如何把控风格，如何合理布局设计等。同时，还要注意此类游戏界面的颜色搭配，对于科技感较强的界面，经常采用蓝紫色系进行修饰，因为蓝紫色系可以增加神秘感和科技感。对于科技效果，可以用荧光蓝做修饰。本案例的颜色搭配如图4-4所示，本案例的最终效果如图4-5所示。

R:50
G:7
B:76

R:19
G:3
B:224

图4-4

图4-5

01 竞技游戏所涉及的功能比较复杂，不过就界面需求而言，对战信息的设计要求相对简单，只要把对战双方的对立关系表述明确，且展示相对的个人信息即可，如图4-6所示。

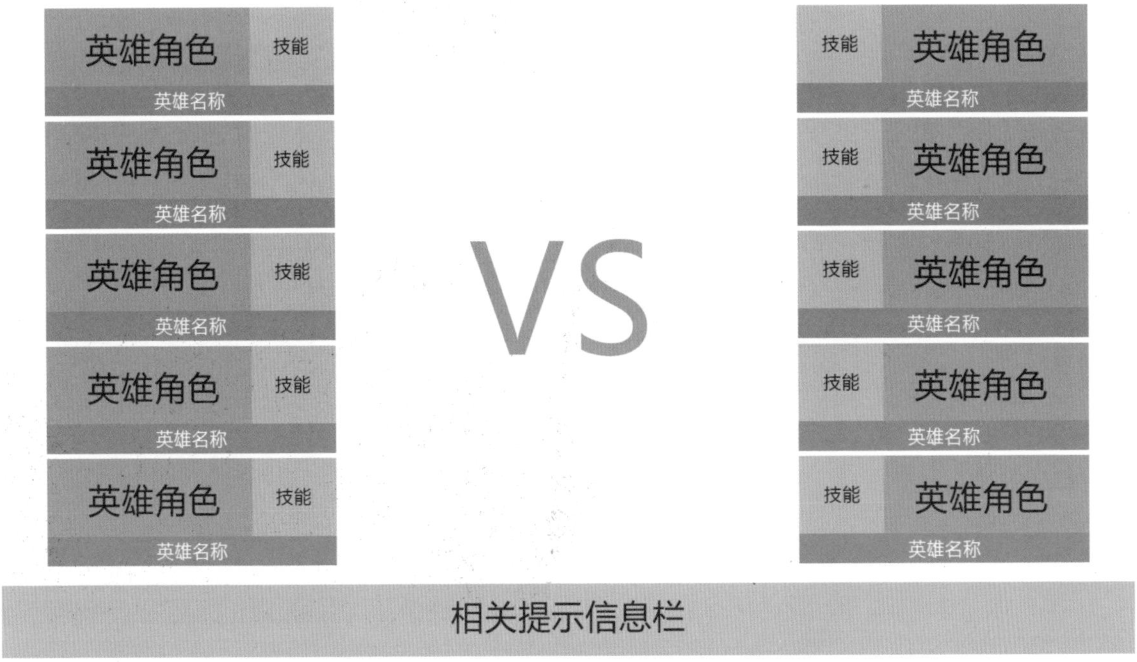

| 英雄角色 | 技能 |
| 英雄名称 | |

| 英雄角色 | 技能 |
| 英雄名称 | |

| 英雄角色 | 技能 |
| 英雄名称 | |

| 英雄角色 | 技能 |
| 英雄名称 | |

| 英雄角色 | 技能 |
| 英雄名称 | |

VS

| 技能 | 英雄角色 |
| | 英雄名称 |

| 技能 | 英雄角色 |
| | 英雄名称 |

| 技能 | 英雄角色 |
| | 英雄名称 |

| 技能 | 英雄角色 |
| | 英雄名称 |

| 技能 | 英雄角色 |
| | 英雄名称 |

相关提示信息栏

图4-6

02 了解游戏主风格后，需要制定主色系色值。执行"文件\新建"，新建一个1920×1080像素的psd文件，然后把"背景.jpg"拖入到画布中，作为场景底图，用于烘托英雄的对战场景。场景的色调需要偏暗、偏模糊，以突显英雄信息，所以需要把场景调暗，如图4-7所示。

图4-7

03 在图层属性栏设置场景图的【不透明度】为43%，然后在场景图下方新建一个图层，填充颜色为R0、G0、B0，接着在该图层上单击右键，选择【混合选项】，勾选【描边】，设置【大小】为13像素，【位置】为内部，设置描边颜色为R162、G162、B162，如图4-8所示。

图4-8

04 整体效果还是有些杂色，需要统一调整成蓝色系。在场景图层上新建一个图层，然后填充颜色为R0、G137、B255，接着设置图层的混合模式为【颜色加深】，如图4-9所示。

图4-9

05 用【矩形工具】绘制一个矩形作为底部信息栏，设置颜色为R70、G5、B90，然后在图层属性栏设置【填充】为70%，接着在该图层上单击右键，选择【混合选项】，勾选【描边】，设置【大小】为5像素，描边颜色为R100、G215、B250，如图4-10所示。

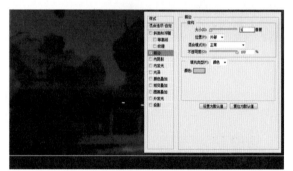

图4-10

06 将"光效.png"拖入到画布中，做光源的修饰处理，然后用【横排文字工具】输入一些相关的游戏提示说明，如图4-11所示。

图4-11

07 分析角色的信息展示方式和排版的样式，可以先在纸上多绘制一些排版样式，确定后选择一个样式进行设计。本案例用V字形样式进行排版布局，在中间放置VS的对战样式即可，如图4-12所示。先设计单个的角色信息框，设计前要确定每个角色框和相关信息的尺寸大小，防止排版时出现不必要的麻烦。

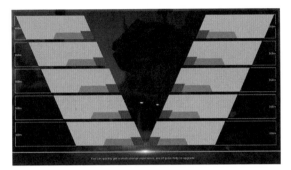

图4-12

08 根据每个英雄的信息边框距离，开始设计单个英雄边框。用【矩形工具】绘制一个475×160px的长方形，并设置颜色为R167、G162、B162，然后按Ctrl+T组合键，单击右键，选择【斜切】，并在属性栏设置水平斜切为25度，如图4-13所示。接着用【钢笔工具】将锐角调整成圆角，如图4-14所示。

图4-13

图4-14

09 在调整后的矩形图层上单击右键，选择【混合选项】，勾选【描边】，设置【大小】为3像素，【位置】为内部，设置描边颜色为R0、G210、B248，如图4-15所示。

图4-15

10 勾选【内阴影】，设置阴影颜色为R0、G0、B0，【角度】为120度，不勾选【使用全局光】，【距离】为0像素，【阻塞】为0%，【大小】为62像素，如图4-16所示。

图4-16

11 勾选【投影】，设置阴影颜色为R0、G0、B0，【不透明度】为75%，【角度】为120度，不勾选【使用全局光】，【距离】为0像素，【扩展】为0%，【大小】为5像素，如图4-17所示。

图4-17

12 将"人物1.jpg"拖入到画布中,并放置在边框图层上,然后在图层上单击右键,选择【创建剪贴蒙版】,将图片镶嵌在边框里,如图4-18所示。

图4-18

13 如果人物图片的色值不饱和,可以按Ctrl+U组合键调整饱和度,如图4-19所示。

图4-19

14 复制一个边框,移动到英雄图层的上一层,并在图层属性栏设置【填充】为0%。然后在该图层上单击右键,选择【混合选项】,勾选【描边】,设置【大小】为13像素,【位置】为内部,【混合模式】为强光,设置描边颜色为R116、G9、B236,如图4-20所示。

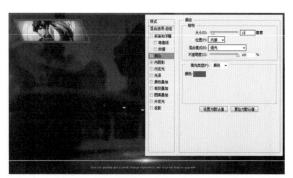

图4-20

15 勾选【内阴影】,设置阴影颜色为R12、G16、B184,【角度】为120度,不勾选【使用全局光】,【距离】为0像素,【阻塞】为39%,【大小】为38像素,如图4-21所示。

图4-21

16 复制上一个边框图层,并在图层属性栏设置【填充】调整为100%,然后设置颜色为R0、G255、B255,如图4-22所示。接着在该图层上单击右键,选择【清除图层样式】,并用【路径选择工具】全选路径,进行复制粘贴操作,最后向右下方移动10像素,运用布尔运算【减去顶层形状】,得到如图4-23所示的效果。

图4-22

图4-23

17 制作完成后,在该图层上添加图层蒙版,然后单击

【渐变工具】，设置从白到黑的渐变，接着由右下向左上拉出渐变效果，如图4-24所示。

图4-24

18 在复制的上边框图层上单击右键，选择【混合选项】，勾选【外发光】，设置发光颜色为R0、G255、B255，【扩展】为0%，【大小】为5像素，如图4-25所示。

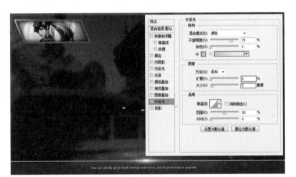

图4-25

19 采用同样的手法，制作一个下边框的发光效果，如图4-26所示。

图4-26

20 用【矩形工具】绘制一个颜色为R15、G40、B220的长方形，然后在图层属性栏设置【不透明度】为75%，

放在右下角的位置，接着按Ctrl+T组合键，单击右键，选择【透视】，将其调整到图4-27所示的效果。

图4-27

21 将调整后的形状复制一个，然后设置颜色为R0、G255、B255，【不透明度】为70%，接着添加一个图层蒙版，并单击【渐变工具】，设置从黑到白的渐变，最后以45度角拉出渐变效果，如图4-28所示。

图4-28

22 用【椭圆选框工具】绘制一个颜色为R0、G255、B255的椭圆形，然后按Shift+F6组合键，设置【羽化半径】为5像素，接着用【羽化半径】为0像素的【矩形选框工具】选中扁圆形的下半部，按Delete键删除掉，如图4-29所示。

图4-29

23 做一个修饰的边条，做法和做英雄边框的做法一致。先复制一个梯形，然后用【路径选择工具】选中路径，并进行复制粘贴，再向右下方向移动5像素，接着运用布尔运算的【减去顶层形状】，最后在修剪后的形状上添加图层蒙版，由黑至白拉一下渐变即可，如图4-30所示。

图4-30

24 选择一款适合的字体，写上英雄的名称，如图4-31所示。

图4-31

25 开始制作英雄专属技能框。因为上面放名字的形状是梯形，做技能框最好参考梯形的倾斜角度去设计。根据这一点，用【矩形工具】绘制一个正方形，然后按Ctrl+T组合键，单击右键，选择【斜切】，将正方形调整到图4-32所示的效果。

图4-32

26 在调整后的形状图层上单击右键，选择【混合选项】，勾选【描边】，设置【大小】为2像素，【位置】为内部，设置描边颜色为R18、G62、B172，如图4-33所示。

图4-33

27 勾选【内发光】，设置发光颜色为R5、G196、B244，【阻塞】为0%，【大小】为10像素，如图4-34所示。

图4-34

28 用【直线工具】绘制等距离的横线，按菱形的形状排布，然后设置颜色为R5、G155、B244，【不透明度】为15%，如图4-35所示。

图4-35

29 复制一个菱形，把复制的菱形图层移动到线条上方，然后用【路径选择工具】选择菱形路径并复制，接着按Ctrl+T组合键将其等比例缩小到90%，再用布尔运算的【减去顶层形状】让菱形镂空，最后用【矩形工具】绘制一个十字形状，并用布尔运算【减去顶层形状】，让菱形变成四角镂空的形状，如图4-36所示。

图4-38

32 选择一款比较符合界面风格的字体，然后输入VS并排好版式，如图4-39所示。

图4-39

图4-36

30 添加英雄的各类技能。技能图标的绘制可根据英雄的属性划分。需要注意的是，技能图标的色调最好是高亮效果展示，如图4-37所示。

33 在字体图层上单击右键，选择【混合选项】，勾选【斜面和浮雕】，然后设置【方法】为雕刻清晰，【深度】为460%，【大小】为5像素，【软化】为0像素，【角度】为90度，不勾选【使用全局光】，【高光模式】为滤色，设置高光颜色为R0、G255、B255，不透明度为75%，【阴影模式】为正片叠底，设置阴影颜色为R0、G67、B160，不透明度为93%，如图4-40所示。

图4-37

31 制作完成一个英雄的效果后，将所有相关的图层进行群组，然后按之前的排版方式，进行复制排版，接着只需要替换英雄的图片和技能即可，如图4-38所示。

图4-40

34 勾选【渐变叠加】，设置【不透明度】为100%，然后单击控制面板上的渐变条，在【位置】0%处设置颜色为R2、G83、B249，在【位置】100%处设置颜色为R0、G212、B252，【角度】为90度，如图4-41所示。

图4-41

35 勾选【投影】，设置阴影颜色为R0、G0、B0，【不透明度】为75%，【角度】为120度，不勾选【使用全局光】，【距离】为13像素，【扩展】为0%，【大小】为21像素，如图4-42所示。

图4-42

36 在文字图层上单击右键，选择【拷贝图层样式】，接着在S字体上【粘贴图层样式】，如图4-43所示。

图4-43

37 添加一些底纹修饰。以文字为中心，按住Shift键，用【椭圆工具】绘制一个圆形，然后在图层属性栏设置【填充】为0%，接着在该图层上单击右键，选择【混合选项】，勾选【描边】，设置【大小】为5像素，设置描边颜色为R0、G215、B255，如图4-44所示。

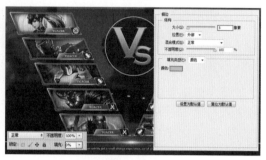

图4-44

38 按住Shift键，用【椭圆工具】绘制一个小圆，然后在图层属性栏设置【不透明度】为30%，如图4-45所示。

图4-45

39 用【矩形工具】绘制一个长方形，与圆形垂直居中对齐，然后选中长方形并进行复制粘贴操作，接着将复制的长方形旋转30度，确认后按Ctrl+Alt+Shift+T组合键进行循环复制，最后用布尔运算的【减去顶层形状】，减去长方形，得到图4-46所示的形状。

图4-46

40 采用同样的操作手法，在内圆绘制一个长方形，然后用布尔运算的【减去顶层形状】，得到图4-47所示的形状。

41 用【矩形工具】绘制装饰用的线条，注意绘制时线条的走势要与英雄框的一致，然后添加【图层蒙版】，拉出渐变效果，完成游戏的信息对战界面绘制。最终效果如图4-48所示。

图4-47

图4-48

4.1.2 绘制游戏的操作界面

素材：练习4-2

　　本案例针对游戏的内部操作进行设计，对于视觉分布与物理习性进行讲解。一般主视觉的位置居中，以中心点为标准扩展各功能点，下方的两侧位置基本可以忽略，因为是操作区，不受视觉的影响，在下方中间的部分可以放置个人信息。上方要展示的信息主要有：队友信息、地理信息、团队沟通和对战时间等。明确好这些就可以进行设计了。为使游戏界面整体效果统一，本案例还是运用了蓝色系进行表现，紫色是辅助配色，让整体看起来不那么单一。本案例的颜色搭配如图4-49所示，界面分析如图4-50所示，最终效果如图4-51所示。

图4-49

图4-50

图4-51

01 执行"文件\新建",新建一个1920×1080像素的psd文件,然后把"背景.jpg"拖入到画布中,作为场景底图,如图4-52所示。

02 先绘制下方左侧的操控区域。按住Shift键,用【椭圆工具】绘制一个圆形,然后在图层属性栏设置【填充】为25%,如图4-53所示。

图4-52

图4-53

Tips

把操控区域透明化是为了不影响整体视觉效果,让玩家最大化地观察游戏视角。

03 在圆形图层上单击右键,选择【混合选项】,勾选
【斜面和浮雕】,然后设置【深度】为75%,【大小】
为125像素,【软化】为12像素,【角度】为90度,
不勾选【使用全局光】,【高光模式】为滤色,设置
高亮颜色为R30、G210、B255,不透明度为40%,【阴
影模式】为正片叠底,设置阴影颜色为R172、G14、
B231,不透明度为75%,如图4-54所示。

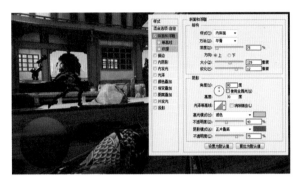

图4-54

04 勾选【描边】,设置【大小】为3像素,【混合模
式】为强光,然后单击控制面板上的渐变条,在【位
置】0%处设置颜色为R207、G250、B255,在【位置】
3%处设置颜色为R0、G240、B255,在【位置】42%处设
置颜色为R38、G30、B33,在【位置】68%处设置颜色
为R0、G114、B255,在【位置】90%处设置颜色为R0、
G222、B255,在【位置】100%处设置颜色为R255、
G255、B25,如图4-55所示。

图4-55

05 勾选【外发光】,设置发光颜色为R6、G0、B255,
【扩展】为0%,【大小】为7像素,如图4-56所示。

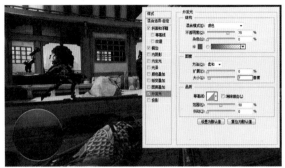

图4-56

06 勾选【投影】,设置阴影颜色为R0、G0、B0,【角度】为90
度,不勾选【使用全局光】,【不透明度】为75%,【距离】为9
像素,【扩展】为0%,【大小】为21像素,如图4-57所示。

图4-57

07 制作底层反光,让操控区更有质感。复制一个
圆形,然后在图层上单击右键,选择【清除图层样
式】,接着按Ctrl+T组合键将其等比例缩小到95%,最
后设置颜色为R120、G0、B255,如图4-58所示。

图4-58

08 添加图层蒙版，然后单击选择【渐变工具】，接着在属性栏单击渐变条，在【位置】0%处设置颜色为R0、G0、B0，在【位置】100%处设置颜色为R255、G255、B255，最后由上至下垂直拉出渐变效果，如图4-59所示。

接着在属性栏单击渐变条，在【位置】0%处设置颜色为R0、G0、B0，在【位置】100%处设置颜色为R255、G255、B255，由上至下垂直拉出渐变效果，如图4-62所示。

图4-62

图4-59

09 制作高光。用【椭圆工具】绘制一个小的椭圆，并设置颜色为R255、G255、B255，如图4-60所示。

12 用【矩形工具】绘制一个正方形，然后按Ctrl+T组合键，将其旋转45度，然后用【钢笔工具】减去下面一个锚点，让正方形变成三角形，接着设置颜色为R12、G194、B234，如图4-63所示。

图4-63

图4-60

10 进行【高斯模糊】操作，让椭圆变模糊，如图4-61所示。

13 用【矩形工具】绘制一个垂直的矩形，与三角垂直居中对齐，然后用布尔运算的【减去顶层形状】，减去中间的长条，接着在图层属性栏设置【不透明度】为30%，如图4-64所示。

图4-61

11 添加【图层蒙版】，然后单击选择【渐变工具】，

图4-64

14 将调整后的形状复制出3个，然后分别按Ctrl+T组合键，分别旋转角度为90度、180度、270度，如图4-65所示。

色为R42、G0、B255，【阻塞】为0%，【大小】为40像素，如图4-68所示。

图4-65

15 开始制作方向摇杆，按住Shift键，用【椭圆工具】绘制一个小圆，色值随意设定，如图4-66所示。

图4-66

16 在圆形图层上单击右键，旋转【混合选项】，勾选【描边】，设置【大小】为2像素，【混合模式】为强光，【填充类型】为颜色，设置发光颜色为R0、G216、B255，如图4-67所示。

图4-67

17 勾选【内发光】，【不透明度】为90%，设置发光颜

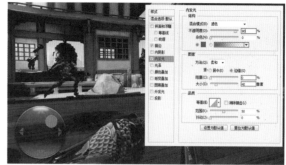

图4-68

18 勾选【渐变叠加】，设置【不透明度】为100%，然后单击控制面板上的渐变条，在【位置】0%处设置颜色为R87、G6、B124，在【位置】47%处设置颜色为R6、G31、B124，在【位置】100%处设置颜色为R30、G252、B255，【角度】为90度，如图4-69所示。

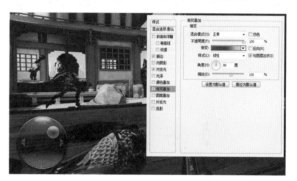

图4-69

19 勾选【外发光】，设置【不透明度】为40%，设置发光颜色为R10、G30、B170，【扩展】为80%，【大小】为7像素，如图4-70所示。

图4-70

20 勾选【投影】，设置阴影颜色为R0、G0、B0，【角度】为90度，不勾选【使用全局光】，【距离】为9像素，【扩展】为0%，【大小】为21像素，如图4-71所示。

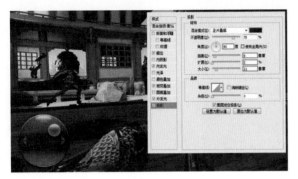

图4-71

21 复制一个底层反光圆形，然后在该图层上单击右键，选择【清除图层样式】，接着设置颜色为R0、G255、B246，【不透明度】为50%，如图4-72所示。

图4-72

22 添加图层蒙版，然后单击选择【渐变工具】，接着在属性栏单击渐变条，在【位置】0%处设置颜色为R0、G0、B0，在【位置】100%处设置颜色为R255、G255、B255，最后根据摇杆的位置，向对角拉渐变，如图4-73所示。

图4-73

23 用【路径选择工具】全选锚点，然后进行复制粘贴，接着按Ctrl+T组合键将其等比缩小到95%，最后用布尔运算【减去顶层形状】，并设置颜色为R62、G244、B255，如图4-74所示。

图4-74

24 添加图层蒙版，然后单击选择【渐变工具】，接着在属性栏单击渐变条，在【位置】0%处设置颜色为R0、G0、B0，在【位置】100%处设置颜色为R255、G255、B255，最后以同样的角度拉出渐变效果，如图4-75所示。

图4-75

25 用同样的原理制作"普通攻击"和"技能攻击"按钮。将底层的遥控杆文件图层群组，复制一个，然按Ctrl+T组合键，将其等比缩小到70%，移动到右下角，如图4-76所示。

图4-76

26 在"普通攻击"按钮上加一些修饰的"符文"作为修饰，如图4-77所示。

图4-77

27 将"普通攻击"按钮图层组复制一个，然后按Ctrl+T组合键将其等比缩小到50%，接着去掉修饰的图案，如图4-78所示。

图4-78

28 复制一个圆形，然后在图层上单击右键，选择【清除图层样式】，接着用【路径选择工具】全选路径，进行复制粘贴操作，再按Ctrl+T组合键将其等比例缩小到95%，最后设置颜色为R0、G240、B255，如图4-79所示。

图4-79

29 制作技能等级条。用【矩形工具】绘制一个长方形，与圆形垂直居中对齐，然后选中长方形并进行复制粘贴操作，接着将复制的长方形旋转60度，确认后按Ctrl+Alt+Shift+T组合键进行循环复制，最后用布尔运算的【减去顶层形状】，减去长方形，得到图4-80所示的形状。

图4-80

30 采用布尔运算的方法绘制技能图标。然后在图层上单击右键，选择【混合选项】，勾选【外发光】，设置发光颜色为R5、G123、B222，【扩展】为0%，【大小】为5像素，如图4-81所示。

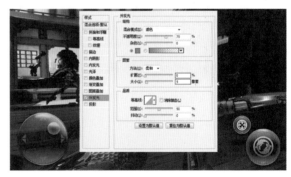

图4-81

Tips

布尔运算的方法已经讲解得非常多了，相信大家已经熟练掌握了，在此不做过多的描述。技能图标的样式应该根据英雄的属性而定。

31 样式展示的方式确定后，用同样的方法，制作其他两个技能按钮，如图4-82所示。

图4-82

32 制作个人状态栏。用【多边形工具】绘制一个六边形，并设置颜色为R0、G10、B60，然后在图层属性栏设置【填充】为80%，如图4-83所示。

图4-83

33 在六边形图层上单击右键，选择【混合选项】，勾选【描边】，然后设置【大小】为8像素，单击控制面板上的渐变条，在【位置】0%处设置颜色为R192、G0、B255，在【位置】25%处设置颜色为R0、G15、B255，在【位置】100%处设置颜色为R0、G240、B255，【角度】为90度，如图4-84所示。

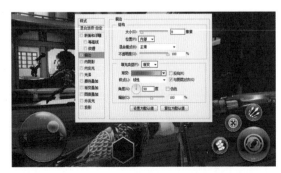

图4-84

34 将"人物头像.png"拖入到画布中，放在菱形框的上面，然后在图层上单击右键，选择【创建剪贴蒙版】，将人物头像嵌入六边形框中，如图4-85所示。

图4-85

35 用【矩形工具】绘制一个颜色为R90、G0、B205的矩形，然后按Ctrl+T组合键，单击右键，选择【斜切】，将其调整到图4-86所示的形状。

图4-86

36 用【路径选择工具】选择所有锚点，然后进行复制粘贴操作，接着向右下方移动20像素，最后运用布尔运算的【减去顶层形状】，得到图4-87所示的图形。

图4-87

37 用同样的方法，制作一个过渡为1像素的线条，并设置颜色为R0、G255、B255，如图4-88所示。

图4-88

38 用【矩形工具】绘制"血条"底图。先绘制一个矩形，并设置颜色为R50、G0、B55，然后用【钢笔工具】在矩形上添加锚点，接着选择要编辑的锚点进行移动，确定形状后按Ctrl+C组合键进行复制，按Ctrl+V组合键进行粘贴，注意排列的间距，如图4-89所示。

图4-89

39 复制一份"血条"，然后重新设置颜色为R0、G255、B255，作为"血量"，如图4-90所示。

图4-90

40 将"光效.png"拖入到画布中，放在过渡的底条上，如图4-91所示。

图4-91

41 在"血条"上方放置个人战斗信息。用【矩形工具】绘制一个信息底图，并调整好形状，如图4-92所示。

图4-92

42 设计"杀敌状态"。用【矩形工具】绘制一个正方形，然后用【钢笔工具】修改左上角和右下角，并设置颜色为R30、G60、B20，接着在图层属性栏设置【填充】为70%，最后在图层上单击右键，选择【混合选项】，勾选【描边】，设置【大小】为2像素，【位置】为内部，设置描边颜色为R110、G220、B0，如图4-93所示。

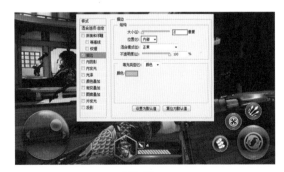

图4-93

Tips

"杀敌状态"上面的小图标，可以用钢笔工具进行绘制。关于图标的绘制方法大家可以参考前面所讲的知识。

43 复制两个"杀敌状态",修改内框色值,分别作为"死亡状态"和"助攻状态"。"死亡状态"的边框颜色为R65、G10、B10,描边颜色为R205、G0、B0;"助攻状态"的边框颜色为R15、G10、B65,描边颜色为R0、G110、B205,如图4-94所示。

图4-94

44 用【矩形工具】在左上方绘制一个矩形,作为队友信息的底框,如图4-95所示。

图4-95

45 在矩形图层上单击右键,选择【混合选项】,勾选【渐变叠加】,然后设置【不透明度】为100%,单击控制面板上的渐变条,在【位置】0%处设置颜色为R144、G0、B255,在【位置】100%处设置颜色为R0、G44、B171,【角度】为90度,如图4-96所示。

图4-96

46 在图层属性栏中调整长方形的【不透明度】为60%,如图4-97所示。

图4-97

47 在长方形下方绘制一个装饰线条,设置颜色为R0、G255、B255,如图4-98所示。

图4-98

48 在底框上用【矩形工具】绘制一个矩形,作为队友的头像框,然后将"队友1.jpg"拖入到画布中,放在头像框图层的上面,接着在图层上单击右键,选择【创建剪贴蒙版】，将图片镶嵌在框里，最后在框下用【矩形工具】绘制两个矩形，并分别设置"血条"的颜色为R0、G245、B25，设置"魔法条"的颜色为R0、G166、B244，如图4-99所示。

图4-99

49 群组队友头像图层，另外3个替换头像即可，如图4-100所示。

图4-100

50 用【矩形工具】绘制一个信息框，放在队友信息的下方，设置颜色为R35、G0、B60，【不透明度】为60%。然后在图层上单击右键，选择【混合选项】，勾选【描边】，设置【大小】为2像素，【位置】为内部，设置描边颜色为R170、G36、B208，如图4-101所示。

图4-101

51 用【矩形工具】在底图下方再做一个同宽度的技能底图，设置颜色为R0、G0、B60，【不透明度】为60%，如图4-102所示。

图4-102

52 用【钢笔工具】绘制底图上的交流图标，然后用【横排文字工具】输入交流文字，如图4-103所示。

图4-103

53 制作"回合时间限制"。用【多边形工具】绘制一个六边形，并设置颜色为R0、G10、B65，然后在图层属性栏设置【填充】为80%，接着用【钢笔工具】选择其中3个锚点，将六边形拉长，并与界面居中对齐，如图4-104所示。

图4-104

54 在调整后的六边形图层上单击右键，选择【混合选项】，勾选【斜面和浮雕】，设置【样式】为描边浮雕，【方法】为雕刻清晰，【深度】为100%，【大小】为5像素，【软化】为0像素，【角度】为90度，不勾选【使用全局光】，【高光模式】为滤色，设置高亮颜色为R255、G255、B255，不透明度为75%，【阴影模式】为正片叠底，设置阴影颜色为R42、G0、B255，不透明度为75%，如图4-105所示。

图4-105

55 勾选【描边】，设置【大小】为5像素，【位置】为内部，设置描边颜色为R0、G231、B245，如图4-106所示。

图4-106

56 勾选【内阴影】，设置阴影颜色为R166、G10、B189，【角度】为90度，不勾选【使用全局光】，【距离】为0像素，【阻塞】为71%，【大小】为16像素，如图4-107所示。

图4-107

57 用【多边形工具】绘制一些的六边形，并按比例排列好，然后选择制作好的小六边形，在图层上单击右键，选择【创建剪贴蒙版】，如图4-108所示。

图4-108

58 将"光效.png"拖入到画布中，放在时间框的下边，然后输入文字信息，并绘制时间图标，如图4-109所示。

图4-109

Tips
眩光可以用之前用过的素材。时间图标可以在素材网上下载，也可以运用布尔运算自己尝试绘制。

59 制作地图区域。用【矩形工具】绘制一个长方形，并设置颜色为R10、G10、B60，然后在图层属性栏设置【填充】为50%，如图4-110所示。

图4-110

60 用【直线工具】绘制网格，颜色为R255、G255、B255，【不透明度】为10%，如图4-111所示。

图4-111

61 用【钢笔工具】绘制地图路线，并设置颜色为R40、G33、B186，然后在图层属性栏设置【填充】为40%。接着在图层上单击右键，选择【混合选项】，勾选【描边】，设置【大小】为2像素，【位置】为内部，设置描边颜色为R0、G234、B255，如图4-112所示。

图4-112

62 制作位置发射点。用【椭圆工具】制作圆形，设置颜色为R255、G162、B0。然后在图层上单击右键，选择【混合选项】，勾选【外发光】，设置发光颜色为R255、G162、B0，【扩展】为0%，【大小】为8像素。接着复制一个带【外发光】的圆形，按Ctrl+T组合键将其等比例放大50%，并在图层属性栏设置【填充】为0%，最后根据发射的信息内容，调整色值，如图4-113所示。

图4-113

63 绘制队友的相关信息。用【矩形工具】绘制一个矩形，然后用【钢笔工具】添加两个锚点，接着将左上角的锚点删除，最后将调整后的矩形复制一个放在另一个队友的"头上"，如图4-114所示。

图4-114

64 复制一个上一步中设计好的矩形，然后按Ctrl+T组合键将其等比例缩小到80%，调整好位置，设置其色值为R255、G0、B0，然后复制其形状图层，并移动到另一个角色的头上，设置其色值为R0、G255、B0，如图4-115所示。让玩家能更好地关注队友的信息与位置。

图4-115

65 用【横排文字工具】在信息条上添加玩家的名称信息，如图4-116所示。

图4-116

66 按住Shift键，用【椭圆工具】绘制一个圆，然后用【路径选择工具】选中圆形的所有锚点，接着按Ctrl+T组合键将其等比例缩小到95%，并用布尔运算【减去顶层形状】，将其变形为一个圆环，如图4-117所示。

图4-117

67 复制一个圆环，然后按Ctrl+T组合键，将其等比例缩小到50%，如图4-118所示。

图4-118

68 用【钢笔工具】沿小圆的内圆绘制一个箭头，然后复制3个，并沿小圆四周排列好位置。接着在箭头图层上单击右键，选择【混合选项】，勾选【外发光】，设置【混合模式】为亮光，【不透明度】为100%，设置发光颜色为R222、G5、B72，【扩展】为0%，【大小】为18像素。完成操作界面的绘制，最终效果如图4-119所示。

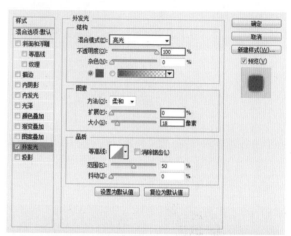

图4-119

对于以上的界面设计，要注意颜色搭配、风格统一和游戏的合理布局等问题。每一个元素都可以根据界面的整体性重新定义，让界面更加舒适、合理地展现给玩家。

4.2 卡牌类手机游戏界面设计

目前卡牌类游戏已是国内手游市场的主力军,在苹果App Store中国区畅销榜Top50游戏中,卡牌类游戏大约有13款,在这13款卡牌类游戏中,主要表现题材为武侠、魔幻、动漫等。其代表作有《刀塔传奇》《我叫MT》《全民

英雄》等,如图4-120~图4-122所示。想做好一款卡牌类游戏,要考虑的因素有很多,不仅仅要在美术上下工夫,在故事创新上和市场保有率上也应该下一些工夫。

图4-120

图4-121

图4-122

4.2.1 绘制卡牌英雄装备界面

素材：练习4-3

　　本案例结合当下流行的卡牌类手游的设计模式，制作卡牌英雄的属性界面。在设计之前要重点分析所要表达的主次信息，合理布局卡牌的属性分布。卡牌类手游一般用颜色和样式来区分等级，常用于区分等级的颜色依次为：灰、绿、蓝、黄、橙、紫。属性栏一般都是用较中性的颜色表达，使用棕色居多，因为采用棕色系可以和很多色系搭配表现，不会影响其他信息的展示。本案例的颜色搭配如图4-123所示，界面分析如图4-124所示，最终效果如图4-125所示。

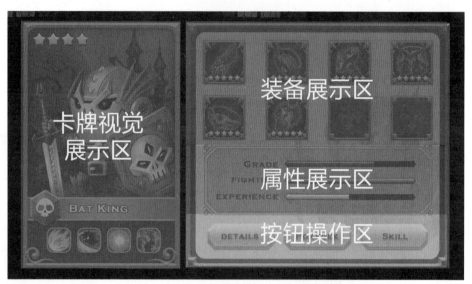

图4-123　　　　　　　　　　　　　　　　　　　图4-124

图4-125

01 先确定好整体布局，根据要展示的信息，排布主次关系。在左边1/3的部分，放置卡牌的主形象，颜色为R5、G18、B73，在右边放置相关信息颜色为R40、G22、B1，如图4-126所示。

图4-126

02 将"背景.jpg"拖入到画布中，作为底部背景，如图4-127所示。

图4-127

03 先制作英雄卡牌的形象部分。将"英雄形象.jpg"拖入到画布中，放在蓝色框图层上面，然后在图层上单击右键，选择【创建剪贴蒙版】，将图片嵌入到框内，如图4-128所示。

图4-128

04 用【矩形工具】绘制一个与英雄卡牌同宽的矩形，如图4-129所示。

图4-129

05 在矩形图层上单击右键，选择【混合选项】，勾选【描边】，设置【大小】为5像素，设置描边颜色为R10、G200、B245，如图4-130所示。

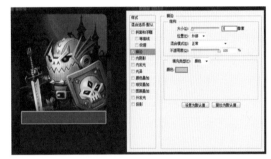

图4-130

06 勾选【渐变叠加】，设置【不透明度】为100%，单击控制面板上的渐变条，在【位置】0%处设置颜色为R15、G40、B125，在【位置】50%处设置颜色为R0、G160、B255，在【位置】100%处设置颜色为R15、G40、B125，【角度】为0度，如图4-131所示。

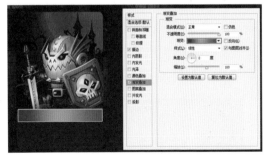

图4-131

Tips
制作这个蓝色的长方形，是为了衬托英雄的属性与姓名，因为英雄的等级是蓝色的，所以整体的效果都以蓝色为主。

07 用【多边形工具】绘制一个六边形，然后设置颜色为R140、G15、B190，作为绘制英雄类型的背景，如图4-132所示。

图4-132

08 在六边形图层上单击右键，选择【混合选项】，勾选【斜面和浮雕】，然后设置【方法】为雕刻清晰，【深度】为100%，【大小】为80像素，【软化】为0像素，【角度】为120度，不勾选【使用全局光】，【高光模式】为滤色，设置高亮颜色为R255、G255、B255，不透明度为75%，【阴影模式】为正片叠底，设置阴影颜色为R0、G0、B0，不透明度为75%，如图4-133所示。

图4-133

09 勾选【描边】，设置【大小】为5像素，【位置】为内部，设置描边颜色为R255、G175、B5，如图4-134所示。

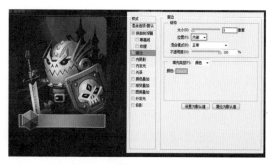

图4-134

10 勾选【投影】，设置阴影颜色为R0、G0、B0，【角度】为90度，不勾选【使用全局光】，【不透明度】为75%，【距离】为4像素，【扩展】为0%，【大小】为5像素，如图4-135所示。

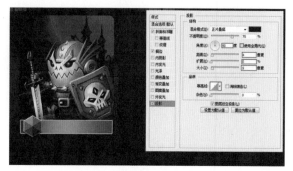

图4-135

11 用【椭圆工具】与布尔运算结合绘制一个"骷髅"的形状，如图4-136所示。

图4-136

> **Tips**
> "骷髅"图形的绘制方法在前面讲过，大家可以参考。

12 用【横排文字工具】输入英雄的名字，然后在文字图层上单击右键，选择【混合选项】，勾选【描边】，设置【大小】为3像素，设置描边颜色为R20、G20、B50，如图4-137所示。

图4-137

13 在名称下方用【圆角矩形工具】绘制一个圆角矩形，设置颜色为R50、G20、B20，如图4-138所示。

图4-138

14 在圆角矩形图层上单击右键，选择【混合选项】，勾选【投影】，然后设置阴影颜色为R100、G30、B10，【角度】为90度，不勾选【使用全局光】，【不透明度】为75%，【距离】为5像素，【扩展】为0%，【大小】为5像素，如图4-139所示。

图4-139

15 复制一个圆角矩形，在图层上单击右键，选择【清除图层样式】，并设置颜色为R255、G155、B0，然后用【路径选择工具】全选锚点，并进行复制粘贴操作，接着按Ctrl+T组合键将其等比例缩小到95%，最后用布尔

运算的【减去顶层形状】，得到图4-140所示的图形。

图4-140

16 在新的形状图层上单击右键，选择【混合选项】，勾选【斜面和浮雕】，然后设置【深度】为100%，【大小】为5像素，【软化】为0像素，【角度】为90度，不勾选【使用全局光】，【高光模式】为滤色，设置高亮颜色为R255、G240、B170，不透明度为75%，【阴影模式】为正片叠底，设置阴影颜色为R120、G50、B15，不透明度为75%，如图4-141所示。

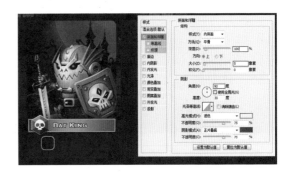

图4-141

17 将"技能1.jpg"拖入到画布中，放在技能框内，然后按Ctrl+G组合键将图层进行群组，接着复制3个并排列整齐，最后替换技能图标，如图4-142所示。

图4-142

18 根据整体外框，用【矩形工具】绘制一个长方形，并设置颜色为R95、G120、B240，如图4-143所示。

图4-143

19 用【圆角矩形工具】绘制一个圆角矩形，然后用布尔运算的【减去顶层形状】得到一个边框，接着将下方的圆角变成直角，如图4-144所示。

图4-144

20 用【钢笔工具】绘制一个螺旋形状，然后将这个形状复制一个，并进行水平翻转，放在框的两边，接着将螺旋形状和边框合并在一起，如图4-145所示。

图4-145

21 在合并的图层上单击右键，选择【混合选项】，勾选【斜面和浮雕】，设置【方法】为雕刻清晰，【深度】为450%，【大小】为81像素，【软化】为0像素，【角度】为90度，不勾选【使用全局光】，【高光模式】为滤色，设置高亮颜色为R5、G200、B255，不透明度为75%，【阴影模式】为正片叠底，设置阴影颜色为R0、G80、B100，不透明度为75%，如图4-146所示。

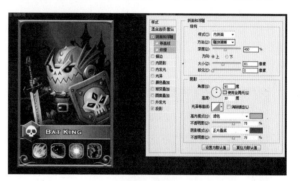

图4-146

22 勾选【投影】，设置阴影颜色为R0、G0、B0，【角度】为90度，不勾选【使用全局光】，【不透明度】为45%，【距离】为5像素，【扩展】为0%，【大小】为9像素，如图4-147所示。

图4-147

23 绘制星星表示英雄的等级。单击【多边形工具】，然后在属性栏设置【边】为5，并单击齿轮图标，勾选【星形】，设置【缩进边依据】为20%，接着用【路径选择工具】选择星星内部的5个锚点，按Ctrl+T组合键等比放大到适合的大小，最后复制3个并排列整齐，如图4-148所示。

图4-148

24 在星星图层上单击右键，选择【混合选项】，勾选【斜面和浮雕】，然后设置【深度】为188%，【大小】为5像素，【软化】为0像素，【角度】为90度，不勾选【使用全局光】，【高光模式】为滤色，设置高亮颜色为R255、G255、B255，不透明度为75%，【阴影模式】为正片叠底，设置阴影颜色为R140、G55、B0，不透明度为75%，如图4-149所示。

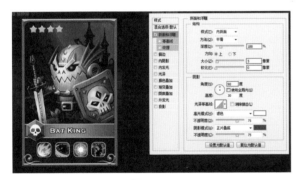

图4-149

25 勾选【描边】，设置【大小】为2像素，【位置】为内部，设置描边颜色为R0、G0、B0，如图4-150所示。

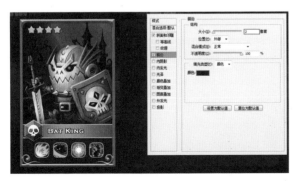

图4-150

26 勾选【渐变叠加】，设置【不透明度】为100%，然后单击控制面板上的渐变条，在【位置】0%处设置颜色为R255、G160、B0，在【位置】100%处设置颜色为R255、G240、B10，【角度】为0度，如图4-151所示。

图4-151

27 英雄卡牌已经绘制完毕，下面绘制属性界面。用【圆角矩形工具】绘制一个圆角矩形，并设置颜色为R208、G181、B133，然将"属性背景.png"拖入到画布中，把英雄的形象弱化在圆角矩形上，弥补空白的视觉差，如图4-152所示。

图4-152

Tips
对于属性界面的排版布局，要注意功能表现与视觉因素。第一视觉点应该放置视觉冲击力较强的装备区域。变换装备属性而产生变化的文字数据，最好放置在方便操作的功能区域。对于属性栏，可以在重色底纹上放置一个稍微淡的背景作为反衬。

28 用【圆角矩形工具】绘制一个和底框一样大小的圆角矩形，如图4-153所示。

图4-153

29 用【路径选择工具】全选锚点，然后进行复制并粘贴，接着按Ctrl+T组合键将路径等比缩小到95%，最后用布尔运算【减去顶层形状】得到边框，如图4-154所示。

图4-154

30 在4个角处用【矩形工具】绘制4个小矩形，然后用布尔运算的【合并形状】，将其合并在一起，如图4-155所示。

图4-155

31 在边框图层上单击右键，选择【混合选项】，勾选【斜面和浮雕】，然后设置【方法】为雕刻清晰，【深

度】为448%，【大小】为32像素，【软化】为0像素，【角度】为90度，不勾选【使用全局光】，【高光模式】为滤色，设置高亮颜色为R173、G125、B73，不透明度为75%，【阴影模式】为正片叠底，设置阴影颜色为R140、G57、B11，不透明度为75%，如图4-156所示。

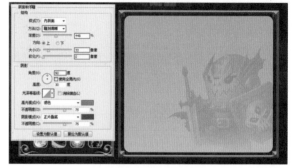

图4-156

32 勾选【投影】，设置阴影颜色为R0、G0、B0，【角度】为90度，不勾选【使用全局光】，【不透明度】为45%，【距离】为5像素，【扩展】为0%，【大小】为9像素，如图4-157所示。

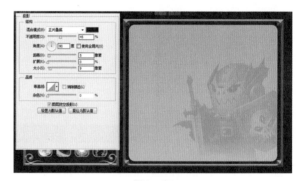

图4-157

33 用【矩形工具】在框的4个角上绘制4个小矩形，并设置颜色为R255、G0、B0，如图4-158所示。

图4-158

34 在4个小矩形图层上单击右键，选择【混合选项】，勾选【斜面和浮雕】，然后设置【方法】为雕刻清晰，【深度】为430%，【大小】为40像素，【软化】为0像素，【角度】为90度，不勾选【使用全局光】，【高光模式】为滤色，设置高亮颜色为R225、G40、B20，不透明度为75%，【阴影模式】为正片叠底，设置阴影颜色为R120、G30、B5，不透明度为75%，如图4-159所示。

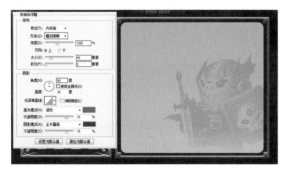

图4-159

35 勾选【描边】，设置【大小】为3像素，【位置】为内部，设置描边颜色为R183、G83、B22，如图4-160所示。

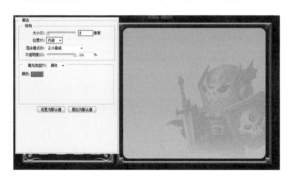

图4-160

36 开始添加属性框里的各类信息。首先是装备栏，装备栏为8栏，可并排放置在属性栏上方，如图4-161所示。

图4-161

37 确定摆放位置后，先制作一个装备栏的装饰。用【矩形工具】绘制一个正方形的底，如图4-162所示。

图4-162

38 在正方形图层上方，绘制一个比原底图大的正方形，然后设置颜色为R140、G30、B170，如图4-163所示。

图4-163

39 用【路径选择工具】全选这个矩形，然后复制粘贴路径，接着按Ctrl+T组合键，将其等比例缩小到80%，最后用布尔运算的【减去顶层形状】得到边框，如图4-164所示。

图4-164

40 用【钢笔工具】绘制一个角的形状，然后旋转角度，复制粘贴到4个角上，如图4-165所示。

图4-165

41 在边框图层上单击右键，选择【混合选项】，勾选【斜面和浮雕】，然后设置【方法】为雕刻清晰，【深度】为260%，【大小】为20像素，【软化】为0像素，【角度】为90度，不勾选【使用全局光】，【高光模式】为滤色，设置高亮颜色为R147、G147、B147，不透明度为75%，【阴影模式】为正片叠底，设置阴影颜色为R128、G128、B128，不透明度为75%，如图4-166所示。

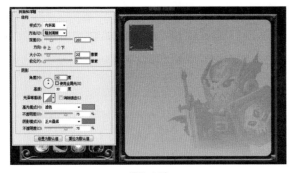

图4-166

42 勾选【渐变叠加】，设置【不透明度】为100%，然后单击控制面板上的渐变条，在【位置】0%处设置颜色为R116、G40、B193，在【位置】100%处设置颜色为R180、G10、B229，【角度】为90度，如图4-167所示。

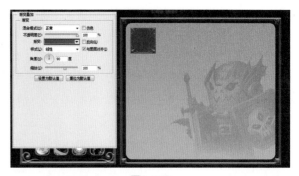

图4-167

43 勾选【投影】，设置阴影颜色为R0、G0、B0，【角度】为90度，不勾选【使用全局光】，【不透明度】为45%，【距离】为0像素，【扩展】为20%，【大小】为8像素，如图4-168所示。

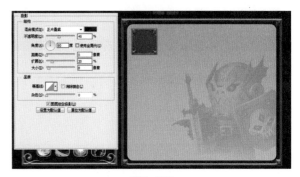

图4-168

44 用【矩形工具】绘制4个小方块放在紫色修饰框四周作为修饰，并设置颜色为R40、G205、B250。然后在图层上单击右键，选择【混合选项】，勾选【斜面和浮雕】，接着设置【方法】为雕刻清晰，【深度】为100%，【大小】为5像素，【软化】为0像素，【角度】为90度，不勾选【使用全局光】，【高光模式】为滤色，设置高亮颜色为R255、G255、B255，不透明度为75%，【阴影模式】为正片叠底，设置阴影颜色为R15、G54、B200，不透明度为75%，如图4-169所示。

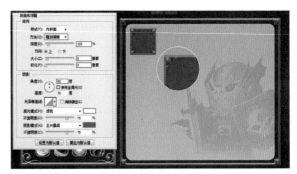

图4-169

45 勾选【描边】，设置【大小】为1像素，设置描边颜色为R76、G76、B76，如图4-170所示。

图4-170

46 将"装备1.jpg"拖入到画布中，放在背景图层上，然后在图层上单击右键，选择【创建剪切蒙版】，将图标嵌入到背景框中，如图4-171所示。

图4-171

47 将所有要展示的技能图标都按比例排列好，然后放置星星作为等级，如图4-172所示。

图4-172

48 接下来设计没有装备的凹槽状态。制作方法和上面的设计步骤相同。用【多边形工具】绘制一个【边】为8的多边形，如图4-173所示。

图4-173

49 用【直接选择工具】选中要移动的锚点进行移动。方法是先选择水平方向的两个锚点进行上移。按住Shift+方向组合键，可以快速移动10个像素点。调整后的效果如图4-174所示。

图4-174

50 在调整后的形状图层上单击右键，选择【混合选项】，勾选【斜面和浮雕】，然后设置【方法】为雕刻清晰，【深度】为325%，【大小】为21像素，【软化】为0像素，【角度】为90度，不勾选【使用全局光】，【高光模式】为滤色，设置高亮颜色为R85、G85、B85，不透明度为24%，【阴影模式】为正片叠底，设置阴影颜色为R17、G6、B14，不透明度为23%，如图4-175所示。

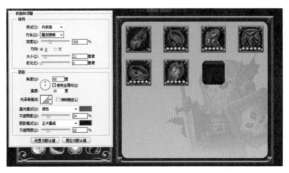

图4-175

51 采用绘制紫色边框的方法绘制边框。先绘制一个正方形，然后用布尔运算把中间的形状掏空，接着在4个角上绘制小正方形，如图4-176所示。

图4-176

52 在边框图层上单击右键，选择【混合选项】，勾选【斜面和浮雕】，然后设置【方法】为雕刻清晰，【深度】为260%，【大小】为5像素，【软化】为0像素，【角度】为90度，不勾选【使用全局光】，【高光模式】为滤色，设置高亮颜色为R147、G147、B147，不透明度为75%，【阴影模式】为正片叠底，设置阴影颜色为R128、G128、B128，不透明度为75%，如图4-177所示。

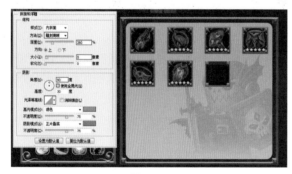

图4-177

53 勾选【投影】，设置阴影颜色为R0、G0、B0，【角度】为90度，不勾选【使用全局光】，【不透明度】为45%，【距离】为0像素，【扩展】为20%，【大小】为8像素，如图4-178所示。

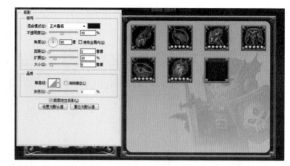

图4-178

54 把紫色边框上四角的小方块复制粘贴到背景框上，如图4-179所示。

图4-179

55 用【矩形工具】绘制一个长方形，然后用【路径选择工具】选中长方形锚点，进行复制粘贴，接着按Ctrl+T组合键将其旋转90度，做成一个十字形状，最后在十字的一端用【矩形工具】绘制一个菱形，再复制到另外3个端点上即可，如图4-180所示。

图4-180

56 在十字图标图层上单击右键，选择【混合选项】，勾选【斜面和浮雕】，然后设置【方法】为雕刻清晰，【深度】为470%，【大小】为3像素，【软化】为0像素，【角度】为90度，不勾选【使用全局光】，【高光模式】为滤色，设置高亮颜色为R74、G74、B74，不透明度为75%，【阴影模式】为正片叠底，设置阴影颜色为R158、G158、B158，不透明度为75%，如图4-181所示。

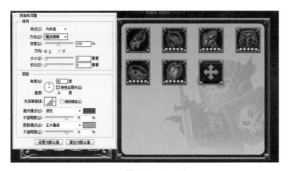

图4-181

57 勾选【渐变叠加】，设置【不透明度】为100%，然后单击控制面板上的渐变条，在【位置】0%处设置颜色为R104、G104、B104，在【位置】100%处设置颜色为R58、G58、B58，【角度】为90度，如图4-182所示。

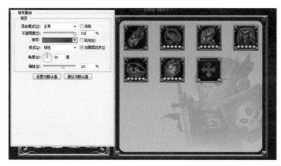

图4-182

58 勾选【投影】，设置阴影颜色为R0、G0、B0，【角度】为90度，不勾选【使用全局光】，【不透明度】为88%，【距离】为3像素，【扩展】为0%，【大小】为6像素，如图4-183所示。

图4-183

59 将没有装备的凹槽复制一个，并排列好位置，完成上方的装备栏制作，如图4-184所示。

图4-184

60 绘制属性条部分。用【多边形工具】绘制一个八边形，并设置颜色为R146、G99、B20，然后在图层属性栏设置【填充】为40%，接着用【直接选择工具】选中水平的两个锚点，分别向上、向下移动40像素，垂直的锚点向左、向右移动40像素，如图4-185所示。

图4-185

61 用【直接选择工具】选中右边4个锚点，向右移动。然后在图层上单击右键，选择【混合选项】，勾选【描边】，设置【大小】为5像素，设置描边颜色为R149、G123、B80，如图4-186所示。

图4-186

62 复制一个八边形，然后按Ctrl+T组合键，将其等比例扩大到110%，接着在图层属性栏设置【填充】为0%，如图4-187所示。

图4-187

63 用【钢笔工具】绘制一个类似于三角形的装饰，然后用【路径选择工具】选中锚点进行复制粘贴，接着按Ctrl+T组合键，单击右键，选择【水平翻转】，并将两个形状组合在一起，最后选中组合的形状，按Ctrl+T组合键旋转45度，放置在4个角上，如图4-188所示。

图4-188

64 用【横排文字工具】输入所需的文字内容，如图4-189所示。

图4-189

65 用【矩形工具】绘制一个长方形，然后用布尔运算的【合并形状】在长方形两端添加两个小菱形，接着将整体形状复制两个，排列好位置，最后设置颜色为R50、G30、B5，如图4-190所示。

图4-190

66 复制其中一个形状，然后按Ctrl+T组合键，将其等比例缩小到90%，并设置颜色为R217、G12、B12，如图4-191所示。

图4-191

67 在复制的形状图层上单击右键，选择【混合选项】，勾选【斜面和浮雕】，然后设置【方法】为雕刻清晰，【深度】为300%，【大小】为5像素，【软化】为0像素，【角度】为90度，不勾选【使用全局光】，【高光模式】为正常，设置高亮颜色为R255、G108、B0，不透明度为100%，【阴影模式】为正片叠底，设置阴影颜色为R109、G15、B3，不透明度为30%，如图4-192所示。

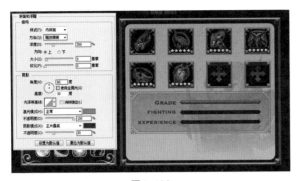

图4-192

68 用布尔运算的【减去顶层形状】缩减形状长短，如图4-193所示。

图4-193

69 采用同样的方法制作下面两个读取条的样式，颜色分别为R0、G115、B200和R0、G205、B10，如图4-194所示。

图4-194

70 制作下方的按钮。先用【多边形工具】绘制按钮的基础样式，如图4-195所示。

图4-195

71 在形状图层上单击右键，选择【混合选项】，勾选【斜面和浮雕】，然后设置【方法】为雕刻清晰，【深度】为760%，【大小】为10像素，【软化】为0像素，【角度】为90度，不勾选【使用全局光】，【高光模式】为滤色，设置高亮颜色为R255、G250、B172，不透明度为100%，【阴影模式】为正片叠底，设置阴影颜色为R100、G35、B0，不透明度为47%，如图4-196所示。

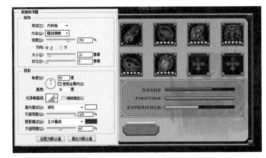

图4-196

72 勾选【渐变叠加】，设置【不透明度】为100%，单击控制面板上的渐变条，在【位置】0%处设置颜色为R255、G163、B2，在【位置】38%处设置颜色为R255、G132、B0，在【位置】72%处设置颜色为R255、G192、B0在【位置】100%处设置颜色为R255、G234、B0，【角度】为90度，如图4-197所示。

图4-197

2

73 勾选【投影】，设置阴影颜色为R0、G0、B0，【角度】为90度，不勾选【使用全局光】，【不透明度】为60%，【距离】为5像素，【扩展】为0%，【大小】为3像素，如图4-198所示。

图4-198

74 用【横排文字工具】输入文字信息，并设置颜色为R104、G34、B0。然后在文字图层上单击右键，选择【混合选项】，勾选【投影】，设置阴影颜色为R255、G241、B97，【角度】为90度，不勾选【使用全局光】，【不透明度】为63%，【距离】为2像素，【扩展】为0%，【大小】为0像素，如图4-199所示。

图4-199

75 将按钮的图层群组，并复制两个，然后排列好位置，直接修改文字信息即可，完成英雄装备界面的绘制。最终效果如图4-200所示。

图4-200

4.2.2 绘制卡牌英雄类型展示界面

素材：练习4-4

本案例是根据英雄类型绘制展示界面的，让玩家更好的管理自己的卡牌列表。希望通过本案例的学习，能够锻炼设计师排版的合理性和对界面的整合能力。对于色彩的搭配，要注意信息的清晰度与功能键的合理性，并且要通过颜色凸显虚拟货币的醒目度，让用户能在视觉上第一时间关注到个人货币信息与体力情况。本案例用棕色做主色系，主要是因为界面中的装备色系比较杂乱，用棕色可以很好地搭配各类色系，也是为了让橙色的按钮键更加醒目。同时与其他展示界面能统一风格，缩减不必要的编程资源。本案例的颜色搭配如图4-201所示，最终效果如图4-202所示。

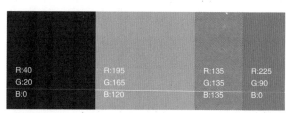

图4-201

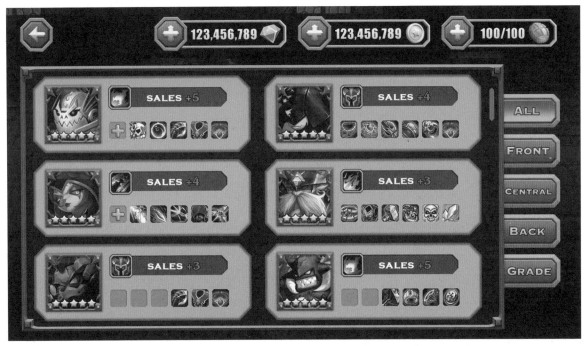

图4-202

01 首先要规划界面的整体布局，让功能分布更加合理化。 让用户体验好，如图4-203所示。

图4-203

02 执行"文件\新建",新建一个1920×1080像素的psd文件,然后把"背景.jpg"拖入到画布中,接着用【矩形工具】绘制一个大的背景板,并设置颜色为R40、G20、B0,如图4-204所示。

图4-204

03 制作边框。为了与其他界面保持统一,可调用"练习4-3"中的属性框的图层样式,如图4-205所示。

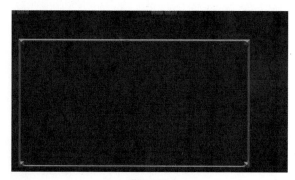

图4-205

> **Tips**
>
> 同一款游戏的不同界面中依然会有很多相同的元素,调用之前绘制好的元素不仅可以保持界面统一,还可以提升工作效率。

04 调用"练习4-3"中属性框4个角的红色小方块,如图4-206所示。

图4-206

05 规划好在主视觉区域内要放置的英雄信息个数,根据要展示的信息内容进行排版,如图4-207所示。

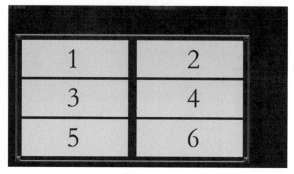

图4-207

06 确定好以后,用【多边形工具】绘制一个八边形,并设置颜色为R197、G164、B121,然后用【直接选择工具】移动锚点的位置,调整形状,如图4-208所示。

图4-208

07 在形状图层上单击右键,选择【混合选项】,勾选【内阴影】,然后设置阴影颜色为R140、G95、B60,【角度】为90度,不勾选【使用全局光】,【距离】为0像素,【阻塞】为51%,【大小】为13像素,如图4-209所示。

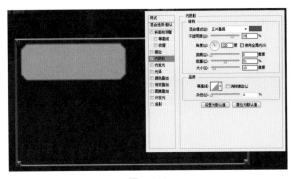

图4-209

08 根据英雄的信息展示和排版内容，进行布局分析，如图4-210所示。

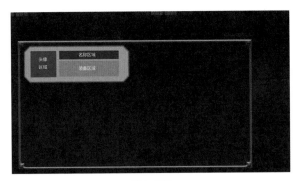

图4-210

09 先制作头像区域。复制"练习4-3"中的装备框，然后将内部的图片换成英雄图片，接着在头像下方用【多边形工具】绘制5个五角星作为等级，如图4-211所示。

图4-211

10 在五角星图层上单击右键，选择【混合选项】，勾选【斜面和浮雕】，然后设置【深度】为190%，【大小】为5像素，【软化】为0像素，【角度】为90度，不

勾选【使用全局光】，【高光模式】为滤色，设置高亮颜色为R255、G255、B255，不透明度为75%，【阴影模式】为正片叠底，设置阴影颜色为R140、G55、B0，不透明度为75%，如图4-212所示。

图4-212

11 勾选【描边】，设置【大小】为2像素，设置描边颜色为R0、G0、B0，如图4-213所示。

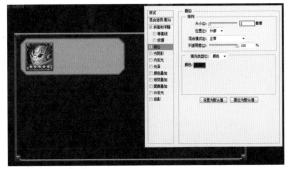

图4-213

12 勾选【渐变叠加】，设置【不透明度】为100%，单击控制面板上的渐变条，在【位置】0%处设置颜色为R255、G160、B0，在【位置】100%处设置颜色为R255、G240、B10，【角度】为90度，如图4-214所示。

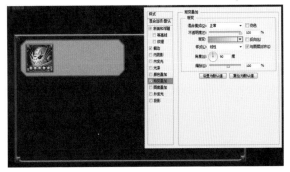

图4-214

13 设计英雄专属技能框。用【多边形工具】绘制一个八边形，然后用【直接选择工具】调整相关锚点位置，如图4-215所示。

图4-215

14 复制一个调整后的形状，修改颜色为R205、G175、B125，然后用【路径选择工具】选中所有锚点，复制粘贴路径，接着按Ctrl+T组合键，将其等比例缩小到90%，最后用布尔运算的【减去顶层形状】得到图4-216所示的效果。

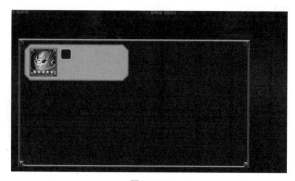

图4-216

15 在新的形状图层上单击右键，选择【混合选项】，勾选【斜面和浮雕】，然后设置【深度】为145%，【大小】为5像素，【软化】为0像素，【角度】为90度，不勾选【使用全局光】，【高光模式】为滤色，设置高亮颜色为R215、G175、G95，不透明度为75%，【阴影模式】为正片叠底，设置阴影颜色为R150、G110、G65，不透明度为46%，如图4-217所示。

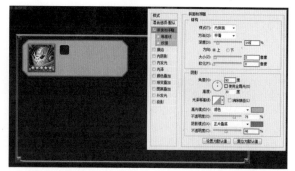

图4-217

16 勾选【描边】，设置【大小】为1像素，设置描边颜色为R0、G0、B0，如图4-218所示。

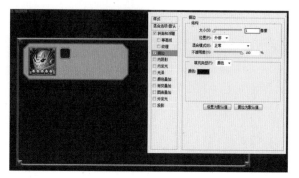

图4-218

17 勾选【投影】，设置阴影颜色为R0、G0、B0，【角度】为120度，不勾选【使用全局光】，【不透明度】为75%，【距离】为0像素，【扩展】为15%，【大小】为3像素，如图4-219所示。

图4-219

18 在把归属于英雄的技能放在制作好的底框里，然后整合相关的文件，接着按Ctrl+G组合键群组到一起，如图4-220所示。

图4-220

19 用【钢笔工具】在英雄专属技能框下绘制一个长方形的凹槽，并设置颜色为R100、G70、B50，如图4-221所示。

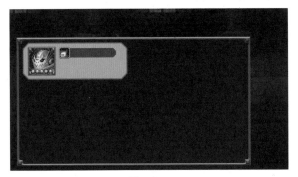

图4-221

20 在凹槽图层上单击右键，选择【混合选项】，勾选【内阴影】，然后设置阴影颜色为R130、G80、B45，【角度】为90度，不勾选【使用全局光】，【距离】为3像素，【阻塞】为0%，【大小】为1像素，如图4-222所示。

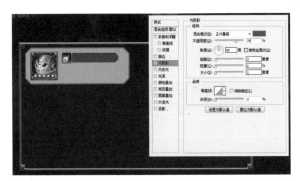

图4-222

21 勾选【投影】，设置阴影颜色为R255、G205、B138，【角度】为90度，不勾选【使用全局光】，

【不透明度】为75%，【距离】为1像素，【扩展】为0%，【大小】为0像素，如图4-223所示。

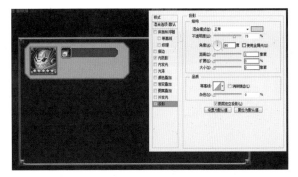

图4-223

22 添加文字信息。用【横排文字工具】把英雄的名称和相关信息输入进去即可，颜色根据界面整体效果而定，如图4-224所示。

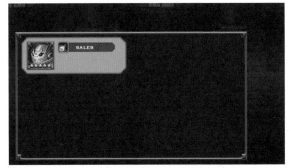

图4-224

23 在名称栏下面摆放好英雄的配置装备栏。用【多边形工具】绘制一个八边形，然后用【直接选择工具】选中要移动的锚点进行移动修改，修改好后水平摆放6个装备栏，如图4-225所示。

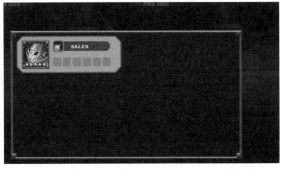

图4-225

24 在装备栏图层上单击右键,选择【混合选项】,勾选【描边】,设置【大小】为2像素,设置描边颜色为R215、G170、B125,如图4-226所示。

图4-226

25 勾选【内阴影】,设置阴影颜色为R100、G70、B50,【角度】为90度,不勾选【使用全局光】,【距离】为1像素,【阻塞】为0%,【大小】为1像素,如图4-227所示。

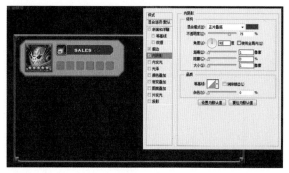

图4-227

26 添加各类专属装备图标,如果没有装备可用加号代替。用【圆角矩形工具】绘制一个圆角矩形,然后用【路径选择工具】选中路径,进行复制粘贴,接着将其旋转90度,并设置颜色为R235、G160、B40,如图4-228所示。

图4-228

27 在加号形状图层上单击右键,选择【混合选项】,勾选【斜面和浮雕】,然后设置【深度】为144%,【大小】为5像素,【软化】为0像素,【角度】为90度,不勾选【使用全局光】,【高光模式】为滤色,设置高亮颜色为R255、G255、B255,不透明度为75%,【阴影模式】为正片叠底,设置阴影颜色为R188、G152、B110,不透明度为75%,如图4-229所示。

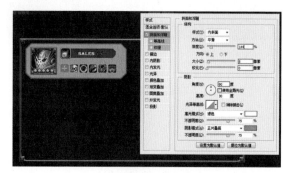

图4-229

28 勾选【描边】,设置【大小】为2像素,设置描边颜色为R109、G54、B10,如图4-230所示。

图4-230

29 英雄卡牌设计完成后,按Ctrl+G组合键群组该英雄卡牌图层,然后复制5个英雄卡牌并排列好,接着替换英雄头像和装备技能图标,如图4-231所示。

图4-231

30 在英雄框的右侧用【多边形工具】绘制一个八边形，然后用【直接选择工具】移动锚点，调整形状，接着设置颜色为R232、G142、B25，如图4-232所示。

图4-232

八边形的左侧是隐藏在主视觉区域的下面。

31 在调整后的形状图层上单击右键，选择【混合选项】，勾选【斜面和浮雕】，然后设置【方法】为雕刻清晰，【深度】为100%，【大小】为10像素，【软化】为0像素，【角度】为90度，不勾选【使用全局光】，【高光模式】为滤色，设置高亮颜色为R245、G165、B10，不透明度为75%，【阴影模式】为正片叠底，设置阴影颜色为R178、G94、B43，不透明度为75%，如图4-233所示。

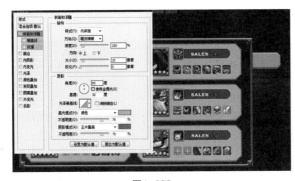

图4-233

32 将按钮形状复制一个，然后按Ctrl+T组合键，将其等比例缩小到80%，接着在图层上单击右键，选择【清除图层样式】，并将颜色改为R107、G63、B5，如图4-234所示。

图4-234

33 复制一个按钮形状，然后按Ctrl+T组合键，将其等比例缩小到98%，如图4-235所示。

图4-235

34 在复制的按钮图层上单击右键，选择【混合选项】，勾选【斜面和浮雕】，然后设置【方法】为雕刻清晰，【深度】为470%，【大小】为2像素，【软化】为0像素，【角度】为90度，不勾选【使用全局光】，【高光模式】为滤色，设置高亮颜色为R10、G245、B231，不透明度为75%，【阴影模式】为正片叠底，设置阴影颜色为R178、G94、B43，不透明度为75%，如图4-236所示。

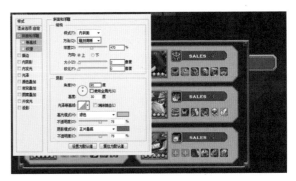

图4-236

35 勾选【渐变叠加】，设置【不透明度】为100%，然后单击控制面板上的渐变条，在【位置】0%处设置颜色为R0、G238、B235，在【位置】100%处设置颜色为R3、G20、B244，【角度】为90度，如图4-237所示。

图4-237

36 勾选【投影】，设置阴影颜色为R6、G3、B132，【角度】为90度，不勾选【使用全局光】，【不透明度】为75%，【距离】为2像素，【扩展】为0%，【大小】为0像素，如图4-238所示。

图4-238

37 在按钮上方输入所需文字后按Ctrl+G组合键群组相关文件，如图4-239所示。

图4-239

38 复制一个群组文件，把渐变色修改一下，作为未选中状态的展示效果，如图4-240所示。

图4-240

39 根据所需分类复制其他分类按钮，如图4-241所示。

图4-241

40 制作返回按钮。用【多边形工具】绘制一个八边形，并设置颜色为R121、G47、B0，如图4-242所示。

图4-242

41 在八边形图层上单击右键，选择【混合选项】，勾选【斜面和浮雕】，然后设置【方法】为雕刻清晰，【深度】为1000%，【大小】为10像素，【软化】为0像素，【角度】为120度，不勾选【使用全局光】，

【高光模式】为滤色，设置高亮颜色为R75、G75、B75，不透明度为75%，【阴影模式】为正片叠底，设置阴影颜色为R10、G10、B10，不透明度为46%，如图4-243所示。

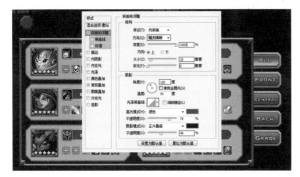

图4-243

42 勾选【渐变叠加】，设置【不透明度】为100%，然后单击控制面板上的渐变条，在【位置】0%处设置颜色为R98、G52、B15，在【位置】100%处设置颜色为R165、G112、B65，【角度】为90度，如图4-244所示。

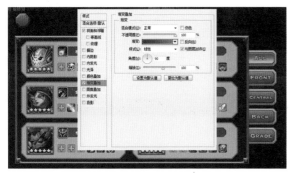

图4-244

43 复制八边形，然后按Ctrl+T组合键将其等比例放大到120%，接着用【路径选择工具】全选锚点，并进行复制粘贴操作，最后运用布尔运算的【减去顶层形状】制作按钮外框效果，并设置颜色为R134、G134、B134，如图4-245所示。

图4-245

44 在形状图层上单击右键，选择【混合选项】，勾选【斜面和浮雕】，然后设置【方法】为雕刻清晰，【深度】为847%，【大小】为1像素，【软化】为0像素，【角度】为90度，不勾选【使用全局光】，【高光模式】为正常，设置高亮颜色为R255、G255、B255，不透明度为51%，【阴影模式】为正片叠底，设置阴影颜色为R56、G56、B56，不透明度为100%，如图4-246所示。

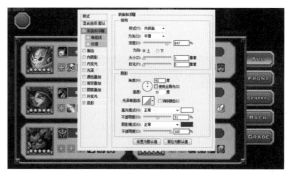

图4-246

45 勾选【投影】，设置阴影颜色为R0、G0、B0，【角度】为90度，不勾选【使用全局光】，【不透明度】为75%，【距离】为1像素，【扩展】为0%，【大小】为1像素，如图4-247所示。

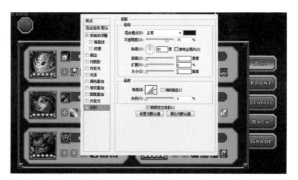

图4-247

46 用【钢笔工具】绘制一个箭头，作为"返回"指
示，如图4-248所示。

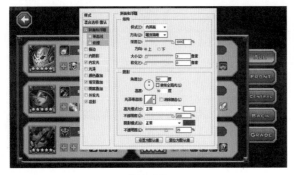

图4-248

47 在箭头形状图层上单击右键，选择【混合选项】，勾选
【斜面和浮雕】，然后设置【方法】为雕刻清晰，【深度】
为1000%，【大小】为3像素，【软化】为0像素，【角度】为
90度，不勾选【使用全局光】，【高光模式】为正常，设置
高亮颜色为R255、G255、B255，不透明度为100%，【阴影
模式】为正常，设置阴影颜色为R144、G59、B17，不透明
度为75%，如图4-249所示。

图4-249

48 勾选【内发光】，设置发光颜色为R255、G222、B0，
【阻塞】为0%，【大小】为6像素，如图4-250所示。

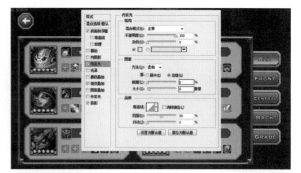

图4-250

49 勾选【渐变叠加】，设置【不透明度】为100%，然
后单击控制面板上的渐变条，在【位置】0%处设置颜
色为R152、G105、B31，在【位置】49%处设置颜色为
R243、G176、B14，在【位置】50%处设置颜色为R255、
G248、B51，在【位置】100%处设置颜色为R251、
G217、B86，【角度】为90度，如图4-251所示。

图4-251

50 勾选【投影】，设置阴影颜色为R0、G0、B0，【角
度】为90度，不勾选【使用全局光】，【不透明度】
为75%，【距离】为1像素，【扩展】为0%，【大小】
为1像素，如图4-252所示。

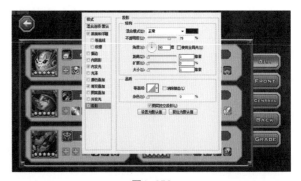

图4-252

51 将按钮的文件群组，然后复制整个文件夹，向右移动，接着用【钢笔工具】或【矩形工具】将箭头修改成"添加图标"，图层样式不变，如图4-253所示。

图4-253

52 为了区别返回按钮，修改添加图标下的底纹渐变色值。在图层上单击右键，选择【混合选项】，勾选【渐变叠加】，设置【不透明度】为100%，然后单击控制面板上的渐变条，在【位置】0%处设置颜色为R164、G29、B3，在【位置】100%处设置颜色为R255、G120、B0，【角度】为90度，如图4-254所示。

图4-254

53 在修改好的添加按钮下，制作显示框，用于显示相关的游戏信息。设计手法和按钮的灰色框一样，直接用【多边形工具】制作边框，用【直接选择工具】调整锚点，然后用布尔运算的【减去顶层形状】制作镂空效果，色值为R181、G181、B181，如图4-255所示。

图4-255

54 在边框图层上单击右键，选择【混合选项】，勾选【斜面和浮雕】，然后设置【方法】为雕刻清晰，【深度】为100%，【大小】为5像素，【软化】为0像素，【角度】为30度，不勾选【使用全局光】，【高光模式】为滤色，设置高亮颜色为R255、G255、B255，不透明度为75%，【阴影模式】为正片叠底，设置阴影颜色为R0、G0、B0，不透明度为75%，如图4-256所示。

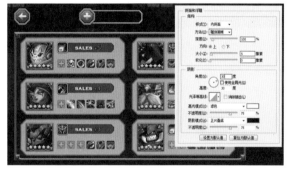

图4-256

55 把要输入的数字信息和相关图标放置上去，如图4-257所示。

图4-257

56 将相关图层群组起来，然后复制两个，接着修改信息展示，完成英雄类型展示界面的绘制。最终效果如图4-258所示。

图4-258

05

游戏设计规范
和项目的整体流程

刚步入游戏项目的设计师可能比较迷茫，不知道应该从何处下手。其实在一个项目组里，设计师的身份比较多元化。前期要充当半个产品经理的角色，中期要把控所有的游戏UI的视觉效果，后期还要配合技术部门提供他们所要的游戏元素，另外还需要懂得一些排版印刷的知识，为游戏宣传和推广做准备。

5.1 游戏的设计规范

对于初学者而言，可能会认为设计规范很难，好像有很多东西需要整理和设计，担心设计规范考虑得不全面会影响整体设计的走势，如果太过全面又怕影响设计发挥。下面就设计规范的问题进行一些讲解和分析。

5.1.1 按钮的规范

按钮要简洁、统一，设计按钮的同时，要做到按钮所附属的文字信息醒目。按钮的名称应该易懂，用词准确，要与同一屏幕的其他类型按钮区分开，让用户在不使用帮助的情况下就能流畅地进行相关操作。在设计界面时，经常需要将同一按钮样式运用到多个界面中去，对于这种情况，不应该设计很多的按钮形状，而是要统一设计一种按钮样式，通过改变他们的色彩表达不同的含义，如图5-1所示。

图5-1

在布局方面，同一界面不要超过7个按钮。如果按钮过多，可以用分类、翻页、滑动的方式排布。不要让按钮太紧凑地放在同一个区域。按钮数量较少时可以使用选项框来展示，较多时可以使用下拉框来展示，如图5-2所示。

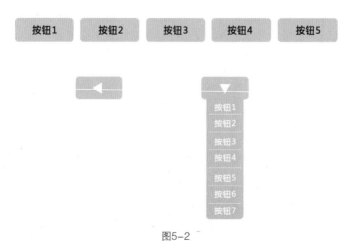

图5-2

5.1.2 硬件规范

在设计游戏前，先要确定要应用的平台有哪些，一般控件的尺寸都会根据对应的硬件做规范。让界面内的元素与硬件本身的规范相统一。可以说，系统的操作习惯与游戏的操作有很大关系，界面遵循规范化的程度越高，易用性就会越好，如图5-3所示。

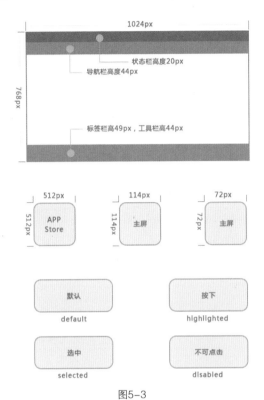

图5-3

5.1.3 合理性

屏幕对角线相交区域是用户直视的范围，正上方1/4处为易吸引注意力的位置，应把较重要或主推的内容放在此处，重要的按钮与使用频繁的按钮要放置在界面醒目位置，如图5-4所示。

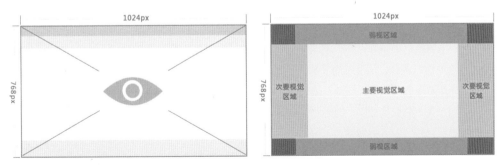

图5-4

5.1.4 美观与协调性

对于按钮的长宽比，要近乎于黄金比例，切忌长宽失调。要合理地利用空间，不宜过于紧密，让界面有透气感。注意按钮的同时，也要控制文字的长度，以免在按钮有限的空间里，文字放不下。避免在空旷的界面上放置很大的按钮。字体的大小要与界面的大小成正比，前景与背景色搭配要合理，反差不宜太大。主色系尽可能温和，不要用过于刺眼的色值，以免让用户产生视觉疲劳，如图5-5所示。

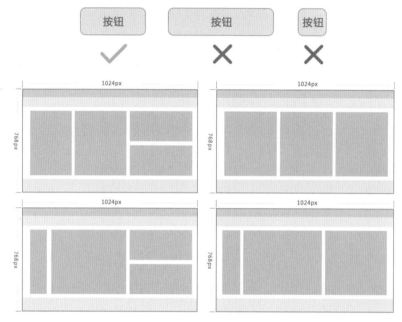

图5-5

5.2 游戏的前期策划

下面通过一款手游界面的设计练习，讲述每个阶段设计师所要负责的部分。

案例介绍：制作一款科技风格的第一人称射击手游界面。人设为实体机器人，要凸显科技感。

设计要求：需要设计6个界面（首页、人物介绍页、商场购买页、底图备战页、装备展示页和战斗成绩页）。

想要让一款游戏有自己的轴心，那么游戏的策划就十分关键。游戏策划又称GD（game designer）是游戏开发团队中负责设计策划的人员，是游戏的开发核心，主要工作是编写游戏的背景故事，制订游戏的规范，设计游戏的交互环节，设计游戏的公式等，是游戏项目的大脑。

作为一个策划人员，需要具备以下3种能力。

洞察能力：想要创作一款好的游戏，首先要了解玩家的心理活动，知道玩家需要什么，想从中获得什么，只有洞察到玩家的需求，才能让玩家全身心地投入到游戏中去。

市场调研能力：由于游戏产品的时效性问题（制作周期），策划在决定做一个方案前要进行深入地调研工作，并对得到的信息资料进行分析与判断，以确保游戏市场的占有率。

当下市场有很多类似的游戏产品，都是根据市场调研后制作的游戏产品，分割市场的占有率，如图5-6和图5-7所示。

图5-6

图5-7

大胆的思维能力：作为一个策划人员，发散的思维是必不可少的。如何给玩家更多的新鲜度是一个策划必须要考虑的。想要做到这点需要多方面知识和经验去积累。一个好的想法很可能给玩家带来意想不到的惊喜。

近几年的游戏中，Supercell公司业绩突出，仅靠《卡通农村》和《部落冲突》就跃升为APP Store中收入最多的游戏发行商，如图5-8~图5-11所示。

图5-8

图5-9

图5-10

图5-11

通过对以上的了解，可以确定游戏策划是一款游戏的创造核心。其使命是通过不断地创新和尝试，让游戏内容更加丰富，给玩家带来不断的惊喜和不一样的感受。

下面针对设计要求和每个界面的特点，绘制了所需界面的"原型图"。作为UI设计师，只需要注意原型图的基本信息和展示方式即可。

首页：是游戏最常见的界面，是所有操作链接的中心，展示每个端口的同时要注意操作优先级和常用端口的状态，如图5-12所示。

图5-12

人物介绍页：在该界面中要突显展示人物的形象和相关信息介绍，还要通过切换完成其他人物形象的展示排列，如图5-13所示。每个界面的上栏部分，要时刻显示相关的数据信息。

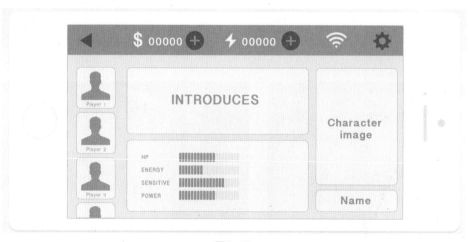

图5-13

商场购买页：在该界面设计中需要处理好分类按钮的视觉关系，并把人物的基本信息展示清楚，让玩家最大化地观看到相对应的英雄的购买信息，如图5-14所示。

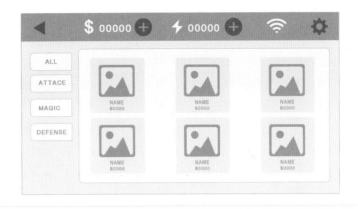

图5-14

底图备战页：此页面把开战前的准备信息和地图内部的大体结构展示明白即可，让主视觉停留在地图的展示上，视频、难度与通关条件作为辅助信息放置在屏幕右侧，如图5-15所示。

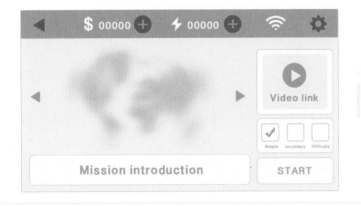

图5-15

装备展示页：主要展示装备的属性信息与整体排版的合理性，如图5-16所示。

图5-16

战斗成绩页：根据游戏对战的成绩进行数据分析，展示每个人物不同的战斗成绩，如图5-17所示。

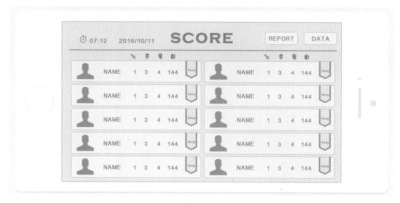

图5-17

根据每个界面的特征，把所有界面的层级关系描述出来，让整体的结构更加明朗，如图5-18所示。

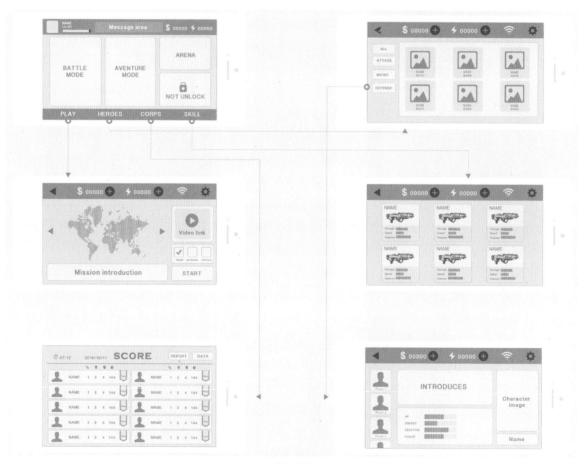

图5-18

绘制基本的原型图主要是为了流程视觉化、强化沟通、降低风险、节约后期成本、提高项目成功率。

所以，当原型图制作完毕，可以通过项目组的方式进行优化讨论，让项目更加成熟完善，会为下一步的UI设计节省了不必要的开销。

5.3 绘制游戏UI

当策划部分的工作完成后，UI设计师会根据绘制好的原型图来了解项目的整体流程和要绘制的相关界面。借用原型图能有效地与策划人员进入沟通，让UI设计人员更直观地绘制出策划理想的游戏界面。

下面就以上6种界面，结合原型图进行设计讲解。

5.3.1 首页

在首页上要展示每一个功能的端口，让用户能快速地找到相对应的功能区域。划分每个模块的位置需要根据游戏的优先级来排列，让界面的分布合理化。首页的原型如图5-19所示。

图5-19

首先根据原型图，绘制一个首页背景图，如图5-20所示。

图5-20

根据原型图的排版布局来划分每个位置的大体框架，如图5-21所示。

图5-21

　　细化每一个区域的基本样式，先从下面的导航栏开始。导航栏可以用简单明朗的样式表述，主要是让信息醒目，如图5-22所示。

　　修饰上方的信息区域。个人信息只要把名称、等级，以及等级经验展示出来就可以了。对于系统通知，可以用走马灯的样式展示，在展示的样式上需要添加一些科技元素。至于按钮的样式，可以统一设计，节省切图资源，如图5-23所示。

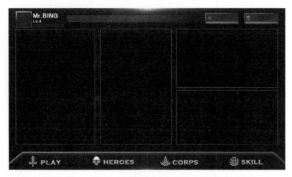

图5-22

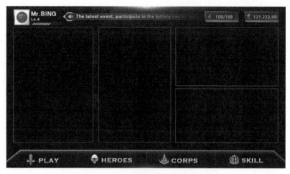

图5-23

　　针对每个模板的内容绘制相对应的背景图片，如图5-24所示。

　　根据背景图片把相对应的文字说明放上去，如图5-25所示。

图5-24

图5-25

5.3.2　人物介绍页

　　通过对原型图的分析和项目的制定风格要求分析，首先绘制比较暗淡且富有科技感的背景图。可以借用一些科技类型的壁纸进行调暗处理，如图5-26所示。

　　根据展示的样式，区分出主视觉与次视觉的明暗关系，如图5-27所示。

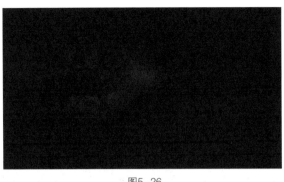

图5-26

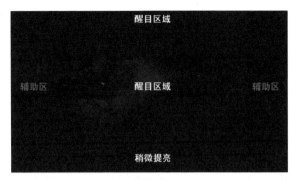

图5-27

通过对光源关系的确定,在底图界面添加一些眩光,用来打造科技感的氛围,如图5-28所示。再添加一些激光线条的元素,修饰背景样式,如图5-29所示。

图5-28

图5-29

背景制作完成后,先绘制界面上方的数据信息栏部分。因为数据信息栏部分需要长时间展示,所以要设计得醒目一些,让玩家一目了然。因此,选用的色值最好为荧光色系,这样能让用户更好地寻找到所需的数据信息,如图5-30所示。在此处选用的色值为R0、G255、B255。

边框确定好以后,可以设计一些较简单的按钮样式,让功能键得到展现,让数据信息明朗化,如图5-31所示。

图5-30

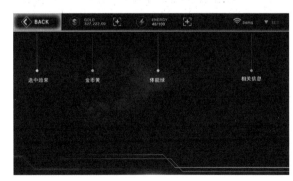

图5-31

上栏的基本信息绘制完成后,就可以根据之前的视觉关系制作整体的界面效果了。

先从左面的列表开始，列表的展示样式可以借用很多科技元素。在本案例中，用六边形展示人物选中框会更有科技感，可以交错排列，如图5-32所示。

在此基础上进行修饰会容易得多，对于科技框可以直接用【外发光】烘托视觉效果。然后在边框四周绘制一些光点作为修饰，会更靠近科技风格，如图5-33所示。

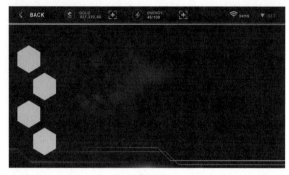 

图5-32   图5-33

选择方式设计完成后，可以将人物的主视觉放在右侧，人物的整体效果需要进行简单的模糊处理，为人物下方的信息展示做准备，如图5-34所示。

人物还是不够明显，可以根据人物的特点，做相对应的提亮处理和修图处理。或者添加一些光源素材，让整体看起来比较明显一些，如图5-35所示。

图5-34   图5-35

当处理好人物的整体效果，可以在人物的下方用【矩形工具】绘制一个边框，根据人物的色彩和样式做相对应的修饰，最后把人物的名称放置进去，如图5-36所示。

两边设计完毕，开始制作中间的信息区域，信息区域可以根据之前的明暗关系划分，让信息部分看起来更加明显。先用纯度比较高的色值把介绍文字输入进去，然后用【矩形选框工具】把要展示的信息框选在一个范围内，接着用【描边工具】把信息框的四周提亮，最后用【图层蒙版工具】弱化边框的渐变效果，如图5-37所示。

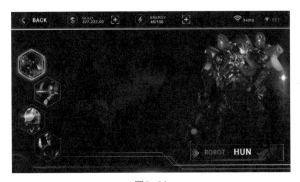

图5-36

图5-37

将人物介绍和人物属性排列上去，注意要用纯度较高的色系。凸显文字信息。这样整体人物介绍页就制作完成了，如图5-38所示。需要注意的是每个元素的排版关系和层次的处理。

图5-38

5.3.3 商店购买页

每一款游戏都有内部消费的界面，而购买界面恰恰是触动这个游戏正常进行的生物链。所以在设计购买界面时，可以直接一些，把要购买的信息展示清楚即可，让用户能更直观地寻找到自己感兴趣的商品。优化后购买界面原型如图5-39所示。

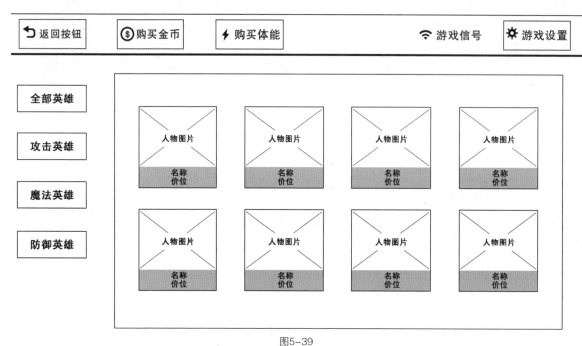

图5-39

左面的按钮完全不用按人物介绍那样排版，可以直接一些。主要是凸显右边大部分的相关商品信息。

首先要绘制一个商店背景图。在背景设计上，可以根据游戏需要绘制有交易气氛的场景图，也可以制作一些简单的修饰图片，主要取决于游戏的整体设定和展示空间的布局。在这里，为了统一游戏风格，简单修饰一下游戏的背景界面，如图5-40所示。

开始绘制左边的按钮区域，左边的按钮设计比较简单，用【矩形工具】绘制一个长方形即可，主要细节在于按钮内部的图形样式和选中状态的展示。按钮内部的分类图标，主要是根据游戏的人物特性划分，绘制图标起到修饰和提醒作用，让玩家视觉上能直观区分人物特点，如图5-41所示。

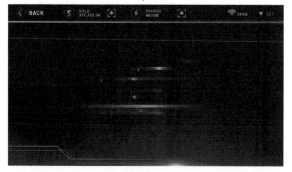

图5-40

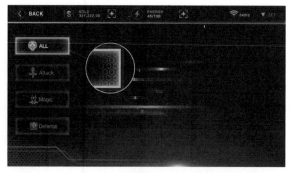

图5-41

按钮区域绘制完成后，开始绘制商店的主题内容。先简单地绘制一个外框，让所有的购买物品有一个框定范围，单独绘制一个框可能有些单一，也可以在框内绘制一个简单的背景，让框有层次感，如图5-42所示。

在确定每个商品的摆放位置以后，可以做一些简单的修饰加以点缀，如菱形的小点、发射线条等，如图5-43所示。

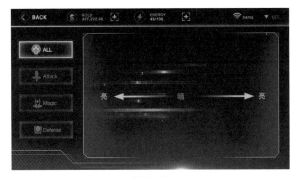

图5-42

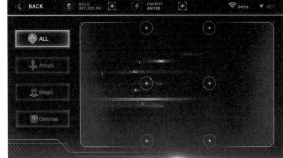

图5-43

再根据确定好的位置摆放每个产品。先绘制一个人物信息，在四周添加一些简单的科技元素即可，主要是突出人物头像和人物价位，如图5-44所示。

把确定好的头像风格群组，然后复制排列在之前确定好的位置，接着换上其他人物的图形和相对应的购买信息。最后把选中状态绘制出来，方便对照效果和后期给程序人员切图，如图5-45所示。

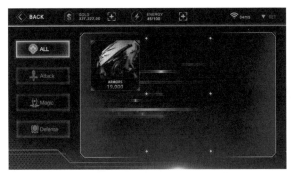

图5-44

图5-45

5.3.4 地图备战页

备战图片是开始游戏前要展示的界面，而且需要展示的信息比较复杂，需要根据规划好的原型图绘制整体效果。需要注意的是，地图展示方式和右侧的框架展示方式，如图5-46所示。

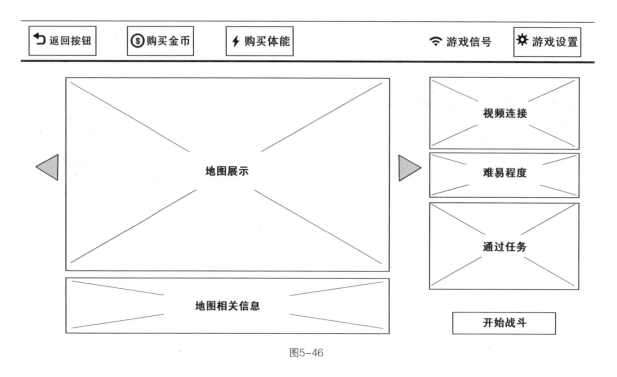

图5-46

此界面的背景需要与战斗场景元素结合，所以将背景替换成战斗界面的场景设计图。可以用【矩形工具】和【直线工具】绘制一些网格，装饰整体的地图效果，如图5-47所示。

结合之前原型图的效果，划分要展示的区域，如图5-48所示。

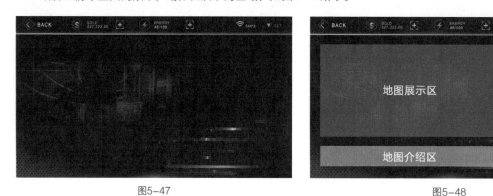

图5-47　　　　　　　　　　　　　　　　　　　图5-48

首先绘制地图展示区域的地图雏形，可以与游戏项目负责3D建模的同事沟通，了解大体的地图结构，然后用【钢笔工具】绘制地图路径，接着用【内发光】和【描边】样式表现出地图边缘的层次感，如图5-49所示。

在了解大体的地形后，可以用【矩形工具】描绘出地图的特征与注意事项，然后标记出来，如图5-50所示。

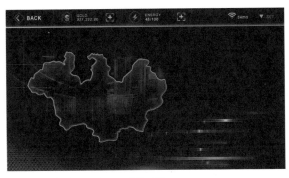

图5-49

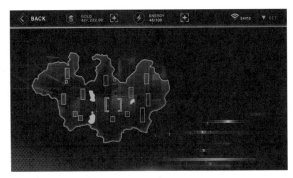

图5-50

根据策划的需求，在地图上标记好所有的任务点，如图5-51所示。

添加相关的文字信息与关卡通过的提示，如图5-52所示。

图5-51

图5-52

地图信息制作完成后，开始绘制右边的任务关卡信息。先用【矩形工具】绘制一个长方形的边框，并把边框的色值调亮一些，如图5-53所示。

根据原型图所要展示的信息，用文字做好分类，并加以修饰，如图5-54所示。

图5-53

图5-54

制作视频的链接，这里可以做一个类似于视频播放器的样式，让玩家知道这是可播放的区域，单击后可以跳转到外部视频链接。然后制作关卡的难易程度按钮，按钮的样式要有所区分，简单、中等、困难的关卡在样式上要有递进的变化效果，让玩家在可以观察到变化，如图5-55所示。

接下来制作关卡的基本任务，任务的要求和左面的地图标记的点相关联，让玩家知道任务点的具体位置，有预判的作用，如图5-56所示。

图5-55

图5-56

把开始按钮放上去。开始按钮要尽量放在下方，方便用户操作。在视觉上要突出展现，让人一见就能看见按钮的位置，直接进入游戏中。可以用一些亮光作为修饰，提高按钮的重要性，如图5-57所示。

图5-57

地图备战页设计完成，要注意的是底图的展示方式和布局的合理性，要根据每一个功能的空间合理地排版布局。

5.3.5 装备展示页

此页面只要把每个装备的基本信息展示出来即可。根据原型图规划合理的摆放空间，让每个装备的信息都能合理摆放，如图5-58所示。

制作科技风格的方法有很多种，按自己喜欢的风格绘制就好。不过，要清楚边框中所要表现的信息有哪些，如何去排布，如图5-59所示。

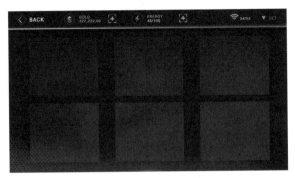

图5-58

图5-59

明确各个区域要展示的内容，就可以把相关信息摆放进去了，如图5-60所示。

确定好枪械的排版后，群组这个文件，然后按之前的布局进行复制粘贴，如图5-61所示。

图5-60

图5-61

把每个对应的装备图片和相关属性输入进去就可以了，在这里需要单独绘制一下选中状态，如图5-62所示。

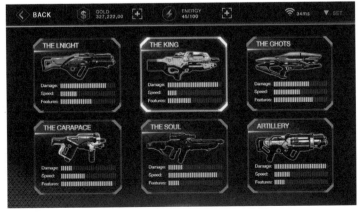

图5-62

5.3.6 战斗成绩页

这个页面要展示的数据信息比较多，重点在于合理的排版布局，如图5-63所示。

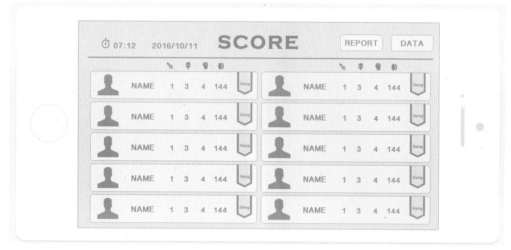

图5-63

还是先绘制一个较暗的背景板，如图5-64所示。

用标题区分基本区域，如图5-65所示。

图5-64

图5-65

把相对应的时间与按钮设计出来，让上部完整一些，如图5-66所示。

根据需求，设计一个玩家的数据框样式，如图5-67所示。

图5-66

图5-67

确定好玩家信息框的样式后，可以复制多个，然后修改相对应的信息即可，如图5-68所示。

图5-68

把对应每个数据的图标绘制出来放到对应的位置，如图5-69所示。

图5-69

到此，所有的界面的设计工作就完成了。接下来，根据之前的原型绘制，将所有界面的层次关系再次梳理一遍，这样大家可以对比各个环节的工作重点，同时也能对界面的结构更加明确。

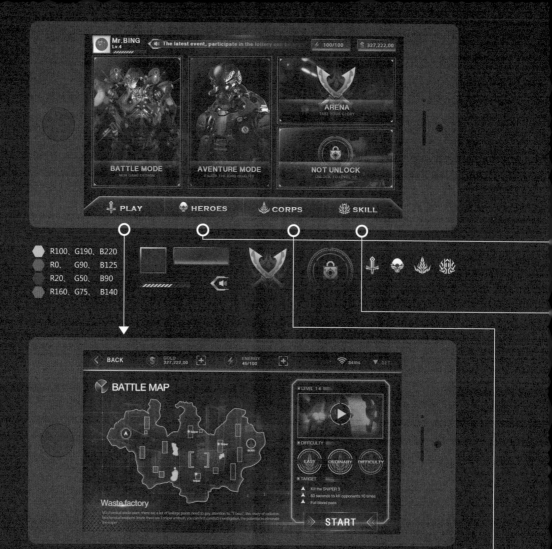

R100、G190、B220
R0、G90、B125
R20、G50、B90
R160、G75、B140

R100、G190、B220
R0、G70、B160
R110、G30、B110
R255、G185、B0
R0、G255、B30

START

R255、G255、B255
R0、G255、B255
R240、G10、B255
R0、G50、B100

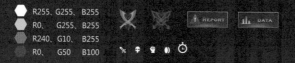

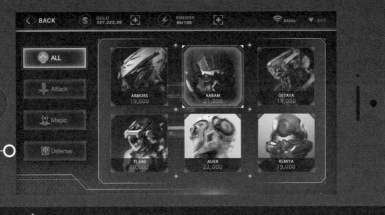

- R255、G255、B255
- R0、G255、B255
- R240、G10、B255
- R0、G50、B100

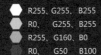

- R255、G255、B255
- R0、G255、B255
- R255、G160、B0
- R0、G50、B100

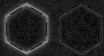

- R255、G255、B255
- R0、G255、B255
- R240、G10、B255
- R0、G50、B100

5.4 配合技术部门

当所有界面都制作完成进入程序开发时，设计师避免不了要配合程序组的相关人员实现界面的效果。当然，遇到最多的工作就是提供"切图"。"切图"应该是设计师要具备的基本能力。简单地说，界面设计完成，需要把界面打撒拆开，提供给程序员，让程序员根据提供的效果图，重新拼装在系统里，然后在硬件上呈现出相对应的效果。

那么如何把界面上的图片元素单独切割下来呢？【切片工具】在Photoshop里的快捷键是C键，同时按住Shift+C组合键可以切换同等快捷键的其他功能，方便设计师快速操作。当需要单独切一个图标时，需要用【切片工具】，框选想要的图标，如果有固定大小，可以双击框选区域，这时会弹出一个设置框，里面有相对应的尺寸标注，可以直接编辑想要的尺寸。

举例说明：就人物介绍页面而言，首先要确定把哪些元素切下来，如图5-70所示。

通过对以上图片的需求分析进行整理，把有二次效果的图片也绘制出来，方便统一管理，如图5-71所示。

图5-70

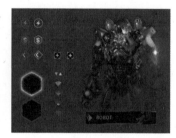

图5-71

统一制作完成后，进行切片处理，首先用【切片工具】把要切的图片按实际尺寸框选上，然后把不需要的图层都隐藏起来，背景要是透明的，如图5-72和图5-73所示。

图5-72

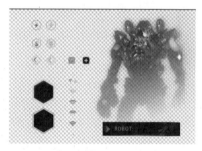

图5-73

按Ctrl+Shift+Alt+S组合键，进入Web所有格式，然后按住Shift键单击要保存的图片。一般保存的格式都是PNG，且背景是透明的，如图5-74所示。

单击【保存】按钮，在弹出的存储界面中，选择【格式】为仅限图像，选择【切片】为选中的切片，如图5-75所示。然后单击【保存】按钮，这样保存出来的图片就是所选取的所有切片了。

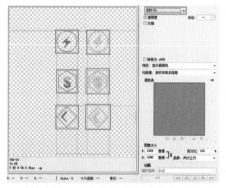

图5-74

图5-75